人工智能革命

ChatGPT

如何成就新一波未来趋势

周翔 ◎ 著

天津出版传媒集团
天津科学技术出版社

图书在版编目(CIP)数据

人工智能革命：ChatGPT如何成就新一波未来趋势 / 周翔著. -- 天津：天津科学技术出版社, 2023.6 (2025.3重印)
ISBN 978-7-5742-1331-9

Ⅰ. ①人… Ⅱ. ①周… Ⅲ. ①人工智能 Ⅳ. ①TP18

中国国家版本馆CIP数据核字(2023)第113710号

人工智能革命：ChatGPT如何成就新一波未来趋势
RENGONG ZHINENG GEMING : ChatGPT RUHE CHENGJIU XINYIBO WEILAI QUSHI

责任编辑：刘　鸫
责任印制：兰　毅

出　　版：天津出版传媒集团
　　　　　天津科学技术出版社
地　　址：天津市西康路35号
邮　　编：300051
电　　话：（022）23332377
网　　址：www.tjkjcbs.com.cn
发　　行：新华书店经销
印　　刷：河北万卷印刷有限公司

开本 710×1000　1/16　印张 15　字数 210 000
2025年3月第1版第2次印刷
定价：79.00元

FOREWARD 前言

在人类历史的长河中，科技的进步与发展一直是推动社会变革的重要力量。如今，人工智能正迅速崛起，它颠覆了人们传统的认知和生活方式。在众多 AI 技术中，ChatGPT 作为一种具有广泛应用和影响力的技术，引发了社会的广泛关注。本书旨在通过深入剖析 ChatGPT 的原理、应用、伦理挑战及未来发展，揭示它如何成就新一波未来趋势。

第 1 章将概述人工智能的崛起，并介绍 GPT 系列技术的演进过程，我们将着眼早期的 GPT 与现在的 ChatGPT，详细探讨其发展历程。

第 2 章将重点关注 ChatGPT 在社会各个领域的广泛应用，如自然语言处理、智能客服、内容创作、语言翻译、人工智能教育等。

第 3 章将介绍 ChatGPT 插件的功能拓展。本书将详细介绍各种插件的特点和功能，并提供插件的安装步骤以及常见插件的使用方法。通过这一章的学习，读者将了解如何在 ChatGPT 基础上进行功能扩展，进一步满足个性化需求。

第 4 章将分析 ChatGPT 在企业与创新中的作用，探讨如何重塑企业流程、降低创新门槛、跨界合作，以及开源与共享等议题。

第 5 章将关注 ChatGPT 在全球范围内的普及与发展，包括国际化、全球竞争与合作、政策与监管等方面。

第 6 章将探讨 ChatGPT 的潜力与前景，从技术进步、跨学科研究到拓展应用等方面展望其未来发展。

本书希望为广大读者提供一个全面的视角，深入探讨 ChatGPT 技术及其在社会未来发展中的关键作用。在这个快速发展的时代，我们期待与您一起探索、学习和成长，共同迎接人工智能时代的挑战。

在这本书的创作过程中，里面的图片是生成的无法修改。

本书的完结要感谢浙江红船干部学院！

CONTENTS 目录

第1章

引言

1.1 人工智能的崛起

1.1.1 早期的 AI 研究与发展

1.1.1.1 达特茅斯会议：AI 概念的提出

1956 年，达特茅斯学院举行了一场名为“达特茅斯会议”的学术会议，会议的议题是机器智能。这场会议被认为是人工智能（AI）领域概念的首次提出，其中一些著名的科学家，如约翰·麦卡锡（John McCarthy）、马文·闵斯基（Marvin MinSky）、克劳德·香农（Claude Shannon）和艾伦·纽厄尔（Allen Newell）等，都在会上发表了演讲（图 1–1）。

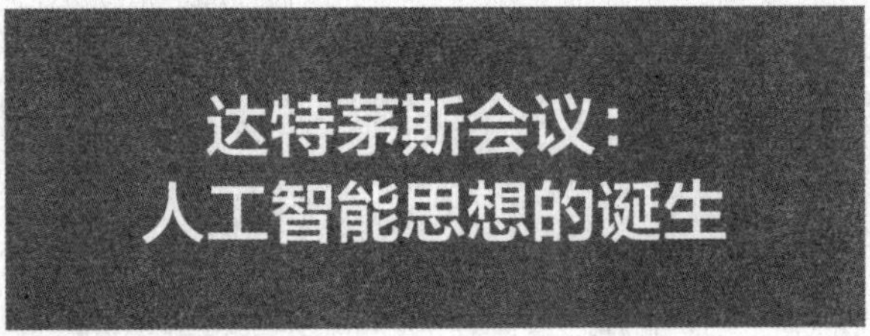

图 1–1　达特茅斯会议

这次会议集结了当时最杰出的计算机科学家、数学家、神经科学家和信息学家，他们召开该会议的目的是通过互相交流和思想碰撞，发掘机器智能的未来方向和实现方法。在此次会议上，科学家们提出了很多关于 AI 的概念，其中最著名的莫过于麦卡锡提出的“人工智能”概念，此后，人工智能成为一个正式的学科领域。

达特茅斯会议的召开标志着人工智能领域的诞生，人们开始意识到，计算机可以不仅仅是一个执行简单计算的机器，其还可以学习和模拟人类思维，从而具有智能。随着科技的不断发展，人工智能领域的发展取得了很大的进展，涌现出许多经典的算法和模型，如神经网络、机器学习等，这些技术成为现代人工智能领域的基础。

此次会议的重要意义在于，它标志着人工智能作为一个独立领域的开始，吸引了众多不同领域的专家学者共同探讨人工智能的理论、方法和实现问题。在此次会议上，麦卡锡等人提出了人工智能的基本概念和研究思路，如用逻辑代替算法、通过推理来解决问题等。会议上还涉及了其他一些与人工智能相关的研究领域，如机器翻译、机器学习、语音识别、图像识别等，这些领域的研究为后来人工智能的发展奠定了坚实的基础，而这些领域也逐渐成为人工智能研究的重要分支。

这次会议之后，人工智能得到了越来越多的关注，成为科技发展中备受瞩目的领域之一。目前，人工智能已经广泛应用于各个领域，如医疗、金融、教育、农业等，并帮助这些领域的专家学者取得了许多重要的研究成果。因此，可以说达特茅斯会议是人工智能发展史上的一个重要里程碑，它标志着人工智能作为一个独立领域的开始，并为后来人工智能的研究发展奠定了坚实的基础。

1.1.1.2 专家系统：规则驱动的智能决策

现代战场上，武器装备越来越先进、复杂，在这样的背景下，专家系统应运而生。专家系统是一种应用型的人工智能系统，其解决的是狭窄领域的具体困难，如监控直升机发动机转子、为防空武器分配目标等。专家系统通过模拟人类专家的思维，使机器可以在短时间内解决这些只有专家才能解决的现实复杂难题。

专家系统往往拥有一个庞大的专业知识库，知识库的内容并不是被动、静态的，而是主动、动态的，可以随时对库中知识进行修改和维护，使得知识库越来越丰富。在军事领域，知识往往体现为大量通过实践得出的经验和直觉，这需要人们在平时训练和战时进行长期有效的积累和转化。专家系统解决问题通过“知识+推理”的方式进行，推理机是专家系统的大脑，负责模仿专家的思维过程，执行并控制系统对问题的求解过程。推理机能够利用知识进行推理，但推理机的性能与知识库的内容彼此影响很小。

专家系统一般都是“人—机”交互式系统。用户可以通过人机接口界面，用对话的方式进行询问，使机器根据用户提供的事实，运用掌握的知识展开推理，并给出问题答案。专家系统不仅能给出解决问题的方法，还可以回答用户提出的“为什么”，向用户解释自己是如何得出结论的，这是一种相当透明的沟通过程，不仅能建立人和机器的信任，还可以帮助人们及时发现和纠正系统错误。

专家系统在军事领域已得到初步应用，包括各种武器系统的故障诊断和维修指导、军事运输调度管理、作战任务规划拟制、情报分析等，其应用前景和发展空间广阔，极有可能成为助力制胜未来战场的新利器。除了军事领域，专家系统在其他领域也得到了广泛的应用。例如，在医疗领域，专家系统可以帮助医生为患者诊断疾病、提供治疗方案和用药建议；在金融领域，专家系统可以帮助人们进行风险评估、股票分析和投资建议；在工业领域，专家系统可以协助工程师设计产品、制定工艺流程和诊断故障。

专家系统的应用领域正在不断扩大，这是因为它可以提供快速、准确、可靠的解决方案，同时还可以节省人力和时间成本。随着技术的不断发展，专家系统的性能也在不断提高，这将使其在更广泛的领域得到应用。然而，专家系统也面临一些挑战和限制，如知识获取以及维护的成本和难度。专家系统的知识库需要经过人工编辑和验证，这需要人们耗费大量的时间和精力。另外，专家系统的推理过程往往缺乏透明性，难以被人们理解和验证，这可能会影响用户的信任和接受程度。此外，专家系统还需要面对某些领域不确定性和复杂性的挑战，这些问题需要更高级的技术和算法来解决。

综合来说，专家系统作为一种重要的人工智能应用技术，为人们提供了一种有效解决问题的方式，虽然它仍面临一些挑战、存在一些限制，但其应用前景和发展空间仍然广阔，具有巨大的潜力和价值。

1.1.1.3 早期机器学习算法：符号主义与统计学习

在讲述早期机器学习算法时，我们不得不提到两个重要的理论学派：符号主义和统计学习。它们为人们展示了两种截然不同的认识世界的方式。那么，接下来我们一起来探讨这两个学派，以及它们在机器学习领域的发展历程。

首先，我们要了解符号主义这个“大家伙”。符号主义，又称作逻辑主义，它就像是机器学习领域的文艺青年，追求高度抽象的思考。它基于形式逻辑和符号运算，通过人为地设计复杂的规则系统来实现知识表示和推理，这些规则系统可以很好地描述世界的结构，使得机器能够按照我们的意愿去“思考”。总而言之，符号主义就是用“逻辑”的力量，将知识变得可见、可触。

其次，让我们来看看符号主义的“邻居”——统计学习。这位邻居就像是一个潜心钻研的科学家，擅长从数据中发现规律。统计学习方法的核心在于，其能够通过大量的数据样本来挖掘机器学习算法的模式，从而使得机器能够根据这些模式进行学习和预测。与符号主义相比，统计学习更加注重实证研究，它对数据和概率的敏感度非常高。

在早期的机器学习算法发展过程中，符号主义与统计学习各有千秋，它们在不同的领域取得了显著的成果。符号主义的代表人物有艾伦·图灵（Alan Turing）和约翰·麦卡锡（John McCarthy），他们分别发明了图灵机和 LISP 编程语言，为机器学习的发展打下了基础。而统计学习的代表人物弗兰克·罗森布拉特（Frank Rosenblatt）发明了感知机算法，为后来神经网络的研究奠定了基石。

然而，随着时间的推移，这两个学派也出现了一些问题。符号主义的规则系统在应对复杂任务时显得力不从心，需要人工编写大量的规则和知识，否则就会难以适应不断变化的环境；而统计学习虽然能够从数据中学到规律，但在早期，由于计算能力和数据量的限制，统计学习很难真正发挥其潜力，这使得机器学习在一段时间内陷入了低谷。

就在大家为这两个学派的困境感到惋惜时，一个伟大的“联姻”悄然出现，人们开始尝试将符号主义和统计学习的优势相结合，催生一系列新的机器学习算法。这些算法在继承了符号主义严谨的逻辑思维和统计学习对数据的敏锐洞察力的基础上，又拓展了机器学习的边界，使得机器能够更好地适应复杂多变的任务和环境。这次“联姻”的产物包括了许多当今机器学习领域的明星算法，如支持向量机、决策树、随机森林等，这些算法既有符号主义的理论基础，也有统计学习的实践精神，能够在各种应用场景中大显身手。例如，在图像识别、自然语言处理、推荐系统等方面，这些算法都取得了重要的成果，让机器学习成为当今科技领域的热门话题。

如今，机器学习已经发展成为一个跨学科的研究领域，吸引了众多学者和工程师。随着机器计算能力的提升和数据量的增长，统计学习逐渐占据主导地位，深度学习等技术不断涌现，同时，符号主义在一定程度上仍然为机器学习的理论体系提供了支持。这两个学派的优势在新的算法和技术中得到了充分体现，为人工智能的发展注入了源源不断的活力。回顾早期机器学习算法的发展历程，符号主义与统计学习的故事就像一场跨越时空的爱情，让我们见证了机器学习领域的崛起和变革。我们有理由相信，在未来，这个领域还将迎来更多精彩纷呈的篇章，让我们拭目以待！

1.1.2 大数据与计算能力的推动

在这个日新月异的数字世界里，大数据和计算能力就像是机器学习的一对超级英雄，它们通过强大的数据支持和计算实力，为机器学习的研究和应用提供了源源不断的能量。接下来，我们就来揭开这对超级英雄的神秘面纱，一窥究竟。

1.1.2.1 数据收集与存储技术的进步

在这个信息爆炸的时代，数据就像是宝藏一般珍贵。对于机器学习而言，数据收集与存储技术的进步就是打开宝库的钥匙，只有有了丰富的数据，机器学习算法才能从中找到有用的知识和规律，从而像魔法师一样施展神奇的魔法。

在数据收集方面，随着物联网、移动互联网、社交网络等技术的飞速发展，各种各样的数据涌现出来。从人们的生活习惯、购物喜好，到工业生产、医疗健康，再到城市管理、国家治理，这些领域中无一不充斥着海量的数据，这些数据就像是一个个晶莹的矿石，蕴藏着无穷的价值。而在数据存储方面，硬盘容量的不断扩大、存储成本的降低，以及新型存储技术如闪存、光纤存储等的出现，使得数据的存储变得更加方便和高效，这让我们能够轻松地存储和管理海量数据，其也为机器学习提供了宝贵的“原材料”。

1.1.2.2 并行计算与 GPU 的应用

说起并行计算与 GPU（图形处理器，图 1–2）在机器学习领域的应用，就像是一个动人的爱情故事，这两者原本天各一方，却因为机器学习走到了一起，携手共创美好的未来。

图 1-2　GPU（图形处理器）

并行计算技术允许我们将一个复杂的问题拆分成多个小问题，分别在多个处理器上进行计算。这就像是将一个巨大的拼图分给一群小伙伴，让他们各自完成一部分，最后再将这些部分拼接起来。这样一来，计算效率大大提高，机器学习算法的训练速度也随之加快。

而 GPU 原本是为了满足图形渲染等需求而设计的，它具有大量的并行处理单元和高速缓存功能，非常适合处理大量的浮点计算任务。机器学习算法，尤其是深度学习算法，需要大量的浮点计算，而这正是 GPU 所擅长的。于是，GPU 开始在机器学习领域大显身手，让许多原本难以实现的算法变得触手可及。

有了并行计算和 GPU 的加持，机器学习算法的速度得到了极大的提升，这就像是一个疲惫的旅者突然找到了一匹千里马，之后一路疾驰，抵达梦想的彼岸。

1.1.2.3 云计算与分布式计算

云计算（图 1-3）和分布式计算就像是一对“双生子”，它们为机器学习带来了更广阔的天地。云计算让计算资源变得触手可及，而分布式计算则为人们处理海量数据提供了强大的计算支持。

图 1–3　云计算

云计算技术让我们可以通过互联网来访问和使用计算资源，就像使用水、电等公共资源一样，这使得个人和企业不再需要购买昂贵的硬件设备，只需按需购买计算资源，就能进行大规模的机器学习实验。这对于机器学习在社会中的普及和应用具有重要的推动作用，能够让更多的人尝试和探索机器学习的奥妙。

分布式计算则允许我们将一个庞大的计算任务分散到多个计算节点上进行处理，从而将机器的计算能力进一步放大，这对于处理大数据和训练复杂的机器学习模型具有重要意义。分布式计算就像是一支强大的军队，将计算任务分成无数个小队，使它们分头行动，共同完成战斗任务。

总而言之，大数据与计算能力的推动就像是为机器学习插上了翅膀，让它能够在科技领域翱翔；数据收集与存储技术的进步为机器学习提供了丰富的“矿产资源”；并行计算与 GPU 的应用则让机器学习变得更加迅速高效；而云计算与分布式计算则进一步拓宽了机器学习的应用领域，让更多的人能够享受到机器学习带来的便利和乐趣。这些技术的发展和融合为机器学习的研究和应用创造了良好的环境，使得机器学习得以在社会中的各个领域大放异彩。

就像是一场精彩绝伦的魔术表演，大数据与计算能力的推动让机器学习变得更加神奇和引人入胜。在这个过程中，我们见证了数据收集与存储技术的飞跃，体会了并行计算与 GPU 的神奇魔力，领略了云计算与分布式计算的广袤无垠。这些技术的发展和应用为机器学习带来了无数的惊喜和机遇，让我们在这个充满未知的领域里不断探索和前行。在这个充满奇迹的数字世界，我们与大数据和计算能力一同跳舞，携手创造属于我们的未来，在大数据与计算能力的推动下，机器学习正展翅翱翔，引领着我们迈向一个更加美好的未来。这个美好的未来，也许是一部以机器学习为主题的科幻大片，让我们惊叹技术的魅力；也许是一段关于智能家居、无人驾驶、智能医疗的探险故事，让我们感叹生活的美好。在这个过程中，大数据与计算能力将一直陪伴在我们身边，与我们共同书写这个瑰丽的传奇。

在这个充满活力和创新的舞台上，机器学习将会带给我们更多精彩纷呈的篇章，引领我们走向一个崭新的时代。在这个时代里，人类与机器将更加紧密地联系在一起，共同创造一个智慧、美好、和谐的世界。而大数据与计算能力，将永远是我们这场奇妙冒险的得力伙伴，它们会陪伴我们走过每一个精彩瞬间，为我们的未来描绘出五彩斑斓的画卷。在这场梦幻般的探险中，我们会穿越雄伟的数据山脉，领略浩瀚的信息海洋，领悟大数据与计算能力的真谛。在这个旅程中，我们将深入挖掘数据的无尽宝藏，用计算能力为我们的智慧之舟添上助力的翅膀，无论是人工智能，还是自动化生产，大数据与计算能力都将为我们提供源源不断的灵感与动力。

此刻，让我们抛开束缚，释放无尽的想象力，跟随大数据与计算能力的脚步，开启一段奇幻而又富有挑战的旅程，在这段旅程中，我们将不断突破自我、挑战极限，攀登科技的高峰。我们将与机器学习一起成长，共同创造一个更加智能、更加美好的未来。在未来，大数据与计算能力将成为我们最忠实的朋友，陪伴我们度过无数个美好时光；在未来，我们将拥有更加先进的技术和工具，以及更加丰富的知识和经验，为我们的生活增添无数的乐趣，使我们的生活更加精彩。现如今，大数据与计算能力正引领着我们跨越科技的新纪元，驶向一个充满奇迹的未来；在未来，我们将与机器携手共进，共同书写一段属于我们的传奇篇章。

1.1.3 深度学习的突破与应用

深度学习是一种机器学习的分支，其通过构建多层神经网络，使计算机可以自动地学习和提取数据中的特征，从而进行预测和分类等任务。以下是深度学习在不同领域的突破和应用。

1.1.3.1 深度神经网络的原理与结构

首先，我们要了解深度神经网络的原理与结构。深度神经网络是由多个神经网络层级构成的，每个神经网络层都由多个神经元组成，而每个神经元都具有多个输入和一个输出，其通过激活函数将输入信号进行计算，最终得到输出信号。深度神经网络的主要特点是具有多层结构，它的每一层结构都会对输入数据进行处理和转换，从而逐步提取更高级别的特征信息。这种层级结构的优势在于，能够利用多层次的抽象概念来表示数据，从而有效地提高分类和预测的准确性。

在深度神经网络的训练过程中，我们通常使用反向传播算法来更新网络的权重和偏置。反向传播算法是一种基于梯度下降的优化算法，其主要作用是通过计算损失函数的梯度来更新网络参数，从而逐渐降低损失函数的值。深度神经网络的训练需要大量的数据和计算资源，其在图像识别、语音识别、自然语言处理等领域中都取得了很大的成功。

1.1.3.2 卷积神经网络与计算机视觉

卷积神经网络是一种特殊的深度神经网络结构，其主要应用于图像和视频数据的处理。卷积神经网络能够通过多层卷积层和池化层来提取图像中的特征信息，并通过全连接层将提取的特征进行分类和预测。卷积神经网络的主要特点在于其卷积操作的思想。卷积操作是一种将图像和滤波器进行卷积运算的操作，可以有效地提取图像的局部特征。在卷积神经网络中，卷积层可以通过卷积操作来提取图像的局部特征，而池化层可以通过降采样的方式来缩小图像尺寸，从而减少计算量。卷积神经网络的优势在于其能够处理大量的图像数据，并且具有较高的分类准确性。卷积神经网络在计算机视觉领域的应用非常广泛。例如，卷积神经网络可以用于图像分类、目标检测、人脸识别等任务。此外，卷积神经网络还可以用于图像生成，如生成式对抗网络（GAN）就是通过卷积神经网络生成逼真的图像。

1.1.3.3 循环神经网络与自然语言处理

循环神经网络是一种能够处理序列数据的神经网络结构，主要应用于自然语言处理和语音识别等领域。循环神经网络的主要特点在于其具有记忆功能，能够在处理序列数据时记住之前的信息。循环神经网络通过将当前的输入和之前的输出进行联合处理，实现对序列数据的处理。循环神经网络的结构中通常包含一个循环单元，可以通过不断地更新循环单元的内部状态来实现对序列数据的处理。循环神经网络在自然语言处理领域的应用非常广泛。例如，循环神经网络可以用于语言模型的训练，以及文本生成、情感分析、机器翻译等任务。此外，循环神经网络还可以用于语音识别，以及其他序列数据的处理任务。

1.1.3.4 强化学习与决策制定

强化学习是一种通过试错来学习最优策略的机器学习方法，主要应用于决策制定和控制领域。在强化学习中，计算机会与环境进行交互，通过不断地尝试来寻找最优策略，计算机也会根据当前状态采取某种行为，通过观察环境的反馈来调整自己的策略。强化学习中的主要算法包括Q-learning、蒙特卡罗树搜索等。强化学习在决策制定和控制领域的应用非常广泛。例如，在游戏领域，强化学习被用于训练机器人或自动化智能体，使它们能够学会玩游戏并取得最高得分。此外，在制造业和供应链管理等领域，强化学习也被用于优化生产和制定物流决策。

深度学习作为机器学习领域的重要分支，在计算机视觉、自然语言处理、决策制定等领域都有广泛的应用，其通过构建深度神经网络、卷积神经网络、循环神经网络等结构，有效地提高了自身数据处理和预测的准确性。未来，随着计算机技术的不断发展，深度学习的应用领域将越来越广泛，相信它会为人们带来更多的惊喜和突破！

1.2 从 GPT 到 ChatGPT：一种技术的演进

1.2.1 GPT 系列的发展历程

在这个令人兴奋的 AI 领域中，GPT 系列从一开始就备受瞩目。让我们一起回顾一下这个家族的发展历程，看看它们是如何从初生之犊逐渐成为 AI 英雄的！

1.2.1.1 GPT-1：基于 Transformer 的自回归语言模型

GPT 家族的第一代成员诞生于 2018 年，当时的 GPT-1 作为一个基于 Transformer 的自回归语言模型，虽然能力有限，但已经展示出了巨大的潜力。作为 GPT 家族的第一代，GPT-1 致力预测文本中的“下一个词”，这个基础功能为后续家族成员的发展奠定了基础。

1.2.1.2 GPT-2：大规模预训练模型的出现

随着时间的推移，2019 年出现了 GPT 家族的第二代成员——GPT-2，它继承了前辈的优点，并在规模上实现了突破。GPT-2 拥有 154 亿个参数，这一数字相较于 GPT-1 实现了显著增长，这一数据的增长让 GPT-2 具备了在阅读理解、摘要、翻译等任务上的出色能力。然而，GPT-2 的强大让研究者们担忧其潜在的风险，因此，他们选择仅发布一个“瘦身版”的 GPT-2 以供研究。

1.2.1.3 GPT-3：自监督学习与强大的迁移学习能力

2020 年，GPT 家族迎来了其最新成员——GPT-3，这一代 GPT 的模型规模更大，拥有惊人的 1750 亿个参数。GPT-3 在自监督学习方面取得了巨大突破，这使得它能够在未经过专门训练的情况下，在各种任务中表现得非常出色。这种强大的迁移学习能力为 GPT-3 带来了广泛的应用前景，从编写文章、编程帮手、聊天机器人到辅助创作艺术作品等，GPT-3 的应用领域不胜枚举。

GPT 家族从 GPT-1 到 GPT-3 的发展，实现了 AI 领域的重要突破。这个家族的成员们不断壮大，向我们展示了 AI 的无限可能性。在未来的发展中，我们有理由相信 GPT 家族还将迎来更多的创新和突破。随着技术的不断进步，我们可以预见，这些智能模型将在各个方面发挥更大的作用，为人类带来更多便利和惊喜。在接下来的日子里，我们期待看到 GPT 家族成员在语言理解、知识获取、逻辑推理等方面取得更高的成就。这些进步将有助于改善人机交互的体验，让我们在与 AI 的互动中享受到更加自然、顺畅的沟通体验。与此同时，研究人员也在不断努力，探索如何解决 GPT 家族在伦理和道德方面遇到的挑战。随着技术的发展，我们相信，这些智能模型将在安全、可靠的基础上，为我们创造更美好的未来。

当然，我们还应该留意到，随着 GPT 家族的发展，越来越多的产业领域都将受到 AI 的影响。从金融、医疗、教育到娱乐、艺术等，这些领域都可能因为 GPT 家族的不断发展而发生翻天覆地的变化。这既为我们带来了巨大的机遇，也为我们提出了新的挑战，我们需要在这个过程中不断适应和学习这些新变化。未来的道路充满了无限可能，GPT 家族正站在舞台上，为我们展示着一个充满智慧与创新的新世界。让我们一起期待 GPT 家族在未来的日子里，能够继续为人类的进步作出更多杰出贡献。

1.2.2 ChatGPT 的特点与应用

在 AI 世界的时尚舞台上，GPT 家族迎来了一个引人注目的新成员——ChatGPT！它活泼可爱、机智聪明，让人忍不住想一探究竟。那么，让我们一起了解一下这个潮流新宠的诞生及其在各种酷炫场景中的表现吧！

1.2.2.1 GPT-4：架构与性能的优化

首先，我们得认识一下 GPT-4，这个家族中神秘的大哥。GPT-4 在 GPT 家族中占据着举足轻重的地位，因为它在架构与性能方面进行了大量优化。可以说，GPT-4 就像一个经过严格锻炼的健身教练，其力量、速度和智慧都达到了顶级水准。这个健身教练教会了 ChatGPT 很多实用技能。例如，在更大的规模中进行自监督学习，进一步提高模型的准确性和效果，这意味着 ChatGPT 能更好地把握我们想要表达的意思，并给出恰如其分的回应。

1.2.2.2 ChatGPT：实现多场景的对话生成

ChatGPT 的魅力就在于它能与人类自然地交流，而且能够在各种场景中表现得如鱼得水，它能成为你生活中的得力助手，无论是处理日常琐事，还是解答复杂的问题。在聊天中与这个幽默风趣的伙伴互动，你会发现它不仅能给你带来欢乐，还能给你带来有趣的见解。它就像一个既能让你捧腹大笑，又能为你排忧解难的朋友，为你的生活增色不少。

1.2.2.3 开放 AI 的使命与 ChatGPT 在未来趋势中的重要性

在我们未来的发展道路上，OpenAI 的使命是使人工智能造福全人类。而 ChatGPT（图 1-4）作为 GPT 家族的新星，其有着强烈的责任感，立志成为人类的得力助手，让我们的生活更加美好。

图 1-4　ChatGPT

ChatGPT 将继续在各个领域拓展其应用，如医疗、教育、娱乐等，它会继续深入挖掘自身潜能，为人类创造更多价值。也许有一天，当你需要医学建议时，ChatGPT 会以一位贴心的医生身份出现，为你提供专业意见；当你需要学习时，它又会化身为一位耐心的老师，为你解答疑难问题。这个多面手的存在，无疑会让我们的生活更加多姿多彩。

ChatGPT 在未来趋势中的重要性还表现在它对人类文明的影响上。在这个数字化世界，ChatGPT 将成为跨文化、语言的桥梁，帮助人们更好地相互理解和沟通。通过跨界融合，ChatGPT 能为艺术家提供灵感，为作家提供素材，为科学家提供见解，让创新源源不断地涌现。同时，我们也要注意到，ChatGPT 的强大能力也带来了一定的挑战，ChatGPT 在发挥其积极作用的同时，也存在一些潜在的滥用问题。为此，我们要在技术进步的同时，关注伦理道德方面的探讨，确保使人工智能的发展造福全人类。

ChatGPT 作为 GPT 家族中的新贵，以其风趣幽默的个性，为人类带来了无数欢乐与便利。在未来的道路上，它将继续拓展应用领域，扮演更多重要角色，为我们的生活增光添彩。让我们共同期待，这个活泼可爱的小家伙，在未来的舞台上，绽放更加灿烂的光芒！

第 2 章

跨足多领域：ChatGPT的广泛应用

ChatGPT 是一种基于 GPT 模型的对话生成系统，它可以生成自然流畅的语言，并在各种领域中得到广泛的应用。在这一章节中，我们将介绍 ChatGPT 在各种领域中的应用，展示它广泛的适用性和强大的生成能力。

2.1 自然语言处理

自然语言处理（Natural Language Processing, NLP）是一种涉及计算机科学、人工智能、语言学等多个学科的交叉领域，其目的是使计算机能够理解、分析、处理、生成人类语言。

随着深度学习、神经网络等技术的发展，自然语言处理在近年来得到了快速发展。现在，NLP 已经广泛应用于语音识别、自然语言生成、机器翻译、信息提取、问答系统等多个领域。

2.1.1 文本摘要与生成

文本摘要与生成是自然语言处理领域中的一个重要研究方向。随着大数据时代的到来，人们面临着海量的文本数据，如何从中提取有用信息、概括出主要内容，成为一个亟待解决的问题，而文本摘要与生成技术就是为了解决这个问题而出现的。

2.1.1.1 提取式摘要

文本摘要，就是把一篇文章或一段文本中的主要信息提炼出来，形成简短的文字概括。文本摘要可以让读者快速了解文章的主旨和核心内容，节省阅读时间。其中，提取式摘要是一种自动化的文本摘要方法，也是最常用的一种。

提取式摘要，就是通过分析文章的语言结构和信息内容，从中提取关键句子或关键词，形成摘要。相对于其他方法，提取式摘要更加可靠和准确，因为它只提取原文中的信息，不会添加任何新的内容。提取式摘要的应用也十分广泛，如新闻概要、科技论文、商品评论等。提取式摘要的核心技术是文本分析和自然语言处理。通过计算文本中词语和句子的关系，提取式摘要算法可以识别出关键词、重要句子、主题和上下文等信息，从而生成简洁而准确的摘要。在实际应用中，虽然提取式摘要算法已经有了一些成熟的解决方案，但是在复杂的文本分析和自然语言处理方面，仍然存在许多挑战。首先，提取式摘要算法需要选择适当的特征，如词频、句子长度、语义相似度等，以便更好地抓住文章的主题和核心信息。其次，提取式摘要算法需要解决信息重复和冗余的问题，避免在摘要中出现重复的信息。最后，提取式摘要还需要处理一些特殊的语言结构和语言表达方式，如复合句、被动语态和隐喻等。

因此，提取式摘要的研究和应用仍然有着广阔的前景和潜力，未来，我们可以期待更加智能和自适应的提取式摘要算法的出现，以及更加广泛和深入的应用场景。

除了基于统计方法和机器学习方法的提取式摘要，还有一些基于规则和知识的提取式摘要方法。这些方法利用人类的知识和经验，通过构建规则和模板来提取文本的主要内容，这些规则和模板可能基于语言学和文本结构的知识，也可能基于特定领域的专业知识。相比统计和机器学习方法，这些基于规则和知识的方法更易于人们理解和解释，但需要大量的人工劳动来构建，也容易受到规则和模板的限制。

提取式摘要技术在人们的实际生活中具有广泛的应用，如搜索引擎、新闻聚合、情报分析和金融分析等。在搜索引擎中，提取式摘要可以用于显示搜索结果的摘要信息，帮助用户快速了解搜索结果的内容；在新闻聚合中，提取式摘要可以用于自动生成新闻标题和摘要，减轻编辑人员的工作量；在情报分析和金融分析中，提取式摘要可以用于从大量的文本数据中提取关键信息，帮助分析人员快速了解事件和市场动态。提取式摘要技术在自然语言处理中具有重要的地位和应用价值，随着人工智能和大数据技术的不断发展，提取式摘要技术也将不断地得到改进和优化，成为更加实用和高效的工具（图 2–1）。

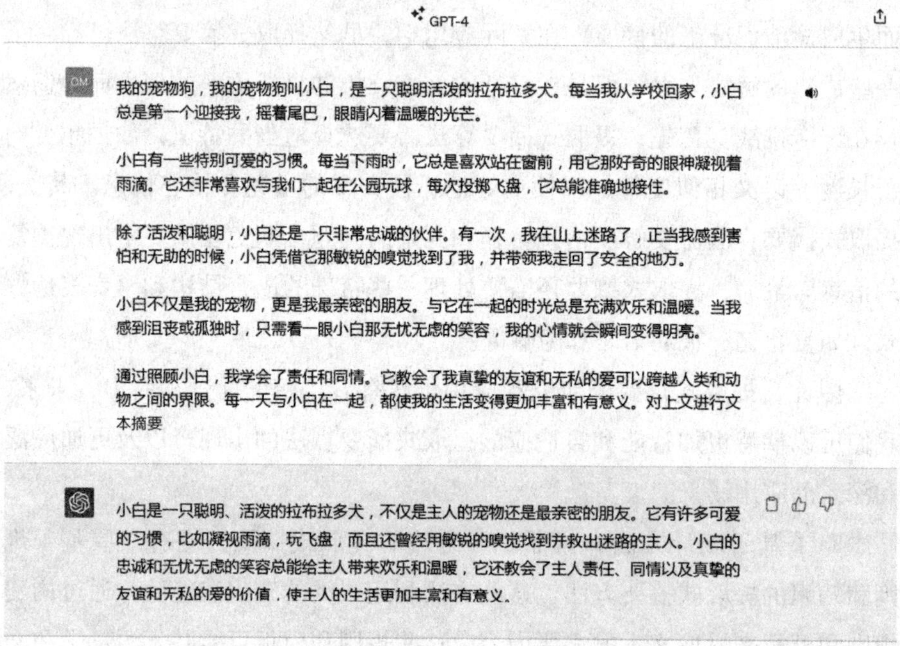

图 2–1　提取式摘要

2.1.1.2 抽象式摘要

在自然语言处理中，除了提取式摘要，还有一种更高级的摘要技术，那就是抽象式摘要。相比提取式摘要直接提取原文中的句子或短语，抽象式摘要则是通过对原文进行深入理解和分析，生成一段更加简洁、准确、可读性高的摘要。与提取式摘要不同的是，抽象式摘要不仅可以简单地提取原文中的句子或短语，还可以将它们转换为更加自然流畅的语言。这种摘要技术需要使用自然语言生成技术，通过对原文的语义分析和生成算法，将原文内容转换为一个简洁、准确的摘要。

相比提取式摘要，抽象式摘要更适合处理复杂的文本内容，如长篇小说、新闻报道等。抽象式摘要技术通常包含以下几个步骤。

1. 文本分析

对原文进行语义分析，识别出其中的关键信息和核心概念。

2. 摘要生成

基于文本分析的结果，使用自然语言生成技术生成一个简洁、准确的摘要。这个摘要通常包含原文的主要内容和要点。

3. 语言优化

对生成的摘要进行语言优化和修饰，使其更加自然、流畅。

抽象式摘要的应用场景非常广泛，比如在新闻报道、商业分析等方面都有广泛的应用。在新闻报道中，抽象式摘要可以帮助读者快速了解新闻的主要内容和要点，节省读者的时间；在商业分析中，抽象式摘要可以帮助分析师更快地了解市场动态和趋势，提高其分析效率（图 2-2）。尽管抽象式摘要技术已经取得了一定的进展，但是它仍然存在一些限制。首先，对于语义复杂的文本，如长篇小说等，抽象式摘要的效果可能并不理想；其次，抽象式摘要技术需要处理大量的自然语言生成任务，需要强大的计算能力和算法支持；最后，抽象式摘要技术的应用场景和领域还需要进一步扩展和深入研究。

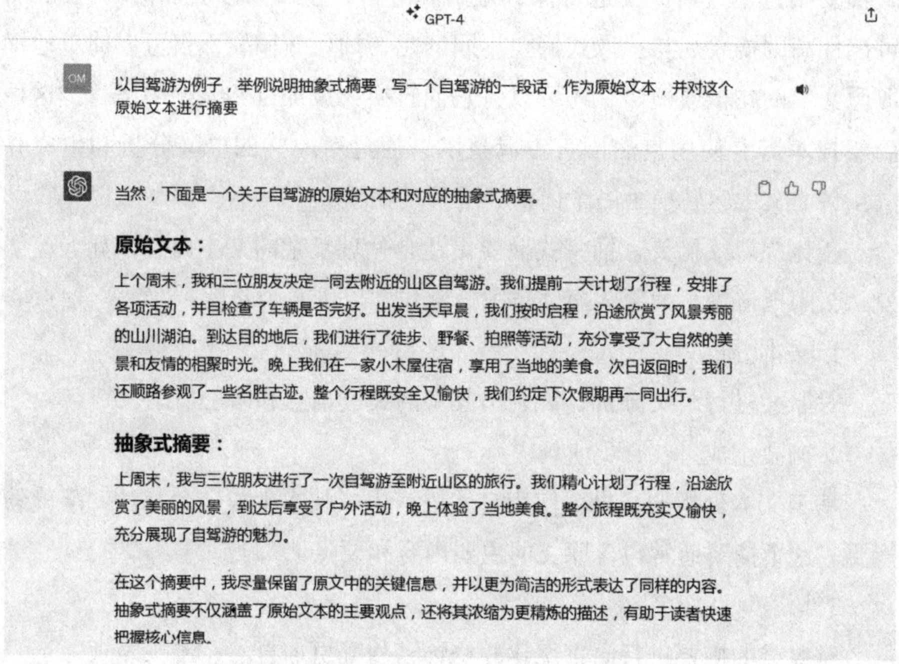

图 2-2　抽象式摘要

2.1.1.3 应用场景

抽象式摘要是自然语言处理领域中的一种重要应用技术，它可以将长篇文章或文本内容简要提炼出来，用简洁的语言概括出文章的主要内容，让读者在短时间内了解文章的核心信息。抽象式摘要常常用于新闻报道、学术论文、商业报告等，能够为人们提供快速有效的阅读方式。

在新闻报道领域，抽象式摘要可以帮助人们快速浏览新闻，了解新闻的主要内容和关键信息。当人们在忙碌的生活中没有太多时间阅读长篇的新闻报道时，一两句简洁的摘要就足以让他们了解事件的始末和主要影响。在学术论文领域，抽象式摘要可以帮助人们更好地理解、把握文章的主题和核心内容。学术论文中往往包含大量的数据和信息，如果没有一个简洁的抽象式摘要，那么读者可能需要花费很长时间来阅读和理解文章的内容。抽象式摘要可以帮助读者快速理解文章的主要观点和结论，进而节省时间、提高效率。在商业报告领域，抽象式摘要可以帮助人们快速了解市场动态和竞争对手的情况。商业报告通常包含大量的市场分析、数据报告和趋势预测，抽象式摘要可以将这些信息提炼出来，让读者更加便捷地了解市场情况，做出更加明智的决策。

在信息爆炸的今天，人们往往没有足够的时间去阅读所有的新闻文章，在这种情况下，提取式摘要可以从每篇新闻中提取出关键信息，生成简洁的新闻摘要，使得用户能够在短时间内了解大量新闻的主要内容。这不仅节省了用户的时间，也使得新闻的传播变得更为高效。许多新闻网站和应用程序都使用了提取式摘要技术，例如，Google News 就使用了这种技术来生成新闻摘要。在学术研究中，提取式摘要可以帮助研究人员从大量的文献中提取出重要的信息。例如，一篇研究论文通常包含了丰富的信息，如实验设计、实验结果、结论等，而研究人员可能只对其中的某些部分感兴趣。在这种情况下，提取式摘要可以从论文中提取出相关的句子，形成一个短小的摘要，帮助研究人员快速获取他们需要的信息。这对于进行文献调研或者文献综述的研究人员来说是非常有用的。

在商业环境中，提取式摘要也有着广泛的应用。例如，商业报告通常包含了大量的数据和分析，而管理层可能只关心报告的主要结论，在这种情况下，提取式摘要可以从报告中提取出关键的句子或段落，形成一个简洁的摘要，使得管理层可以快速了解报告的主要内容。同样，提取式摘要也可以用于生成会议纪要的摘要，帮助员工快速了解会议的关键内容。

提取式摘要在处理客户反馈和产品评论时也非常有用。例如，一个大型电子商务网站可能每天都会收到数以万计的产品评论，而这些评论中可能包含了对产品的重要反馈和建议。在这种情况下，提取式摘要就可以从这些评论中提取出关键的信息，帮助企业了解用户的需求和意见，从而改进产品和服务。再如，法律文档通常很长，而且充满了法律术语，这使得人们阅读法律文档变得非常困难。在这种情况下，提取式摘要可以帮助人们快速获取文档的关键内容，节省他们的时间，并帮助他们更好地理解法律文档。

由此可见，抽象式摘要是一种非常实用的自然语言处理技术，它在各个领域都有广泛的应用。随着人工智能技术的不断发展和创新，抽象式摘要的应用场景也将越来越广泛，不断为人们提供更加高效和便捷的信息处理和阅读方式。

2.1.2 情感分析

情感分析，顾名思义，就是通过分析文本中的情感倾向，帮助人们了解文本所表达的情感。在情感分析中，常用的方法是基于机器学习的方法，这些方法通过使用算法来自动识别和分类文本中的情感信息。例如，分类器可以对给定的文本进行分类，将其归为正面、负面或中性的情感类别。情感分析可以通过各种方式实现，包括文本分类、情感词典和深度学习等。在文本分类中，模型根据训练数据学习情感分类模式，对新的文本进行情感分类；在情感词典中，模型通过使用情感词典来标记文本中的情感词汇，并基于这些词汇来计算文本的情感得分；在深度学习中，模型通过使用深度神经网络来自动提取文本中的特征并进行情感分析。

情感分析在各种应用场景中都有广泛的应用，如社交媒体监测、市场调研、客户服务等。在社交媒体监测方面，情感分析可以用于分析用户在社交媒体上发布的评论、推文和文章的情感倾向；在市场调研方面，情感分析可以帮助企业了解客户对其品牌和产品的感受和反应；在客户服务方面，情感分析可以用于识别并响应客户的情感需求，提高客户体验（图2-3）。

OM 分析一下客户对华为手机的感受和反应

华为作为中国的一家全球知名的通信和消费电子产品制造商，其手机产品线在全球范围内享有很高的声誉。以下是从多方面分析客户对华为手机的感受和反应：

1. 技术和创新

华为的手机在技术方面的创新得到了消费者的一致好评。例如，他们在相机、芯片设计和电池寿命方面的领先技术让许多消费者留下深刻印象。

2. 产品质量

华为手机的建造质量被认为是很高的。许多消费者赞扬其耐用、做工精良，具备良好的性价比。

3. 软件体验

华为自主研发的EMUI系统在界面设计和用户体验方面受到了一些用户的欢迎，但也有人反映存在兼容性和流畅性问题。自从华为受到美国制裁后，谷歌服务的缺失在一些市场也成为了用户反映的问题之一。

4. 品牌形象

华为作为中国的国民品牌，在国内有着很高的声誉和认同感。然而，在一些海外市场，由于政治和贸易紧张局势，华为的形象受到了一定的影响。

5. 售后服务

在某些地区，华为的售后服务得到了客户的好评，但在其他地方可能由于服务网络不足，客户可能对售后支持的响应时间和质量感到不满。

6. 价格

华为手机涵盖了从入门级到旗舰级的各种价格段，因此能够满足不同消费群体的需求。一些客户可能会觉得旗舰机型的价格较高，但也有人认为与其技术和质量相匹配。

总结

总的来说，客户对华为手机的感受和反应是复杂多元的，涉及技术、质量、软件体验、品牌形象、售后服务和价格等方面。这些因素共同塑造了客户对华为手机的整体印象和购买决策。在今后的市场竞争中，华为可能需要在软件体验和全球化品牌形象方面进行进一步的投入和优化，以满足不同市场和消费者群体的需求。

图 2-3　情感分析中的市场调研

2.1.2.1 有监督学习

情感分析是一种机器学习技术，用于分析文本或语音中的情感信息。

其中，有监督学习是情感分析中的一种常用方法，它需要使用已标注的数据集来训练模型，并对新的数据进行分类。这里，“标注”的意思是指对每个文本或语音样本都分配一个已知的情感类别，如“积极”“消极”或“中性”。

有监督学习情感分析的流程通常包括数据预处理、特征提取、模型训练和评估。在数据预处理阶段，需要清洗数据、分割数据集和进行数据标注；在特征提取阶段，需要将文本或语音转化为可供机器学习算法处理的形式，如使用 TF-IDF（Term Frequency-Inverse Document Frequency）或 Word2Vec（Word to Vector）等技术来表示文本特征；在模型训练阶段，可以使用各种机器学习算法来训练模型，如朴素贝叶斯、支持向量机或深度学习模型；在评估阶段，需要对模型进行性能评估，通常使用准确率、召回率和 F1 值等来衡量模型的性能。

有监督学习情感分析的应用非常广泛，如在社交媒体分析、产品评论分析、品牌管理和舆情监测等方面。在社交媒体分析中，企业可以通过情感分析来了解消费者对其品牌或产品的态度，以及竞争对手的市场反应；在产品评论分析中，企业可以通过情感分析来了解消费者对产品的喜好和不满意之处，以便改进产品设计；在品牌管理中，企业可以通过情感分析来了解消费者对品牌的整体印象，以便进行品牌推广和营销策略的制定；在舆情监测中，企业可以通过情感分析来了解社会事件和政治问题的公众反应，并及时采取应对措施。

在有监督学习中，算法根据这些已标记的数据集来学习如何分类文本。为了使算法更准确地分类，研究人员需要建立一组大型的标记数据集来训练算法，这个数据集应该包含足够多的不同类型的文本，涵盖尽可能多的情感语言，以便算法能够在不同情况下更好地表现。对于有监督学习算法来说，一旦算法学习完毕，人们就可以使用未知文本测试算法的准确性，算法将使用其已经学习的知识来预测文本的情感。需要注意的是，有监督学习算法只能准确预测其已经学习过的情感，如果遇到新的、不同于训练数据的情感，算法可能无法准确预测其情感。虽然有监督学习的精度更高，但需要大量地标记数据，这是一个比较大的缺点。收集标记数据可能需要耗费大量的时间，并且标记数据的质量对算法的准确性至关重要，如果标记数据存在偏差或误差，算法的准确性也将受到影响。在实践中，有监督学习算法通常用于对特定领域或行业的情感进行分析，因为这些领域或行业的语言和情感用语相对稳定，标记数据也相对容易获得。

2.1.2.2 无监督学习

无监督学习是一种机器学习方法，用于在没有标记数据的情况下对数据进行分析和建模。在情感分析中，无监督学习可以从文本数据中自动发现情感，并将其分类为正面、负面或中性。

无监督学习的一个常见方法是聚类，它可以将文本数据划分为具有相似特征的组，在情感分析中，聚类可以帮助模型识别情感强度相似的文本。另一个无监督学习方法是主题建模，它可以帮助模型识别文本中的主题和情感。虽然无监督学习在情感分析中具有一定的优点，如不需要标记数据，但它也存在一些挑战。例如，由于缺乏标记数据，无监督学习很难区分情感词的情感极性，因此会出现误差和不准确性。无监督学习可以作为有监督学习的补充，为模型提供更多的文本分析手段。但在实际应用中，人们需要根据具体情况选择合适的方法，也要综合考虑准确性、可扩展性和可解释性等因素。无监督学习是一种对没有标注的数据进行学习，从中自动发现模式或规律，进而实现对新数据分类、聚类、降维等的任务。在情感分析中，无监督学习可以应用于探索数据中的潜在情感因素和主题。一种常用的无监督学习方法是主题模型，如潜在狄利克雷分配（Latent Dirichlet Allocation，LDA）模型，它可以将文本中的单词组织成主题，并确定主题中单词的权重。在情感分析中，LDA 可以通过发现数据中的情感主题和情感词汇，更好地理解文本的情感。除了主题模型，聚类算法也是一种常见的无监督学习方法，如 k-means 算法。该算法可以将文本数据分成预定义数量的聚类，每个聚类代表不同的情感或观点，这种方法通常用于发现数据中的不同情感类别或者对不同的文本进行分类。

无监督学习相对于有监督学习而言，不需要标注数据，可以自动地发现数据中的模式和规律，因此在某些场景下，其更加灵活和高效。然而，由于缺乏标注，模型的性能可能会受到限制，需要通过其他手段进行评估和改进。

2.1.2.3 实际应用

情感分析是自然语言处理领域的一项重要技术，具有广泛的应用场景，以下是一些实际应用场景。

1. 社交媒体分析

情感分析可以帮助企业或组织了解消费者对其品牌、产品或服务的看法和感受。通过分析社交媒体上用户的言论和评论，企业或组织可以对品牌的声誉进行评估，从而进行战略调整。

2. 舆情分析

政府、企业或组织可以利用情感分析技术来分析公众对某些事件或政策的态度和情感倾向。通过对舆情的分析，政府、企业或组织可以及时采取相应的措施，预防或化解潜在的危机。

3. 电商评论分析

情感分析可以帮助电商平台对商品评论进行自动分类，如将评论分为正面、负面和中性，从而帮助消费者更快速、更准确地找到他们感兴趣的商品。

4. 客户服务

情感分析可以用于监测客户服务中的情感和情绪，从而帮助企业快速识别和解决客户不满意的问题。例如，情感分析可以自动分类客户服务电话的情感倾向，然后将客户转接到合适的部门，以便更好地解决他们的问题。

5. 新闻媒体

情感分析可以帮助新闻媒体记者快速了解公众对某些事件或议题的情感倾向，从而使他们可以更快速、更准确地报道相关事件或议题。此外，情感分析还可以帮助新闻媒体记者了解自己报道的效果，从而进行适当的调整。

情感分析技术已经在商业、政府、媒体等领域得到了广泛应用，由于它可以快速准确地了解公众的情感倾向，因此对于决策者来说是一个非常有价值的工具。

2.1.3 问答系统

问答系统是自然语言处理技术中的一项重要应用，它可以根据用户提出的问题，通过搜索和分析大量的语言数据，给出相应的回答。问答系统有两种类型，一种是检索式问答系统，另一种是生成式问答系统。

2.1.3.1 检索式问答

检索式问答系统通常基于关键词匹配进行答案检索，它将用户输入的问题与系统中的语料库进行匹配，从而找到与问题相匹配的答案。在这种系统中，用户需要输入与预定义答案相关的关键词或短语，才能得到准确的答案。这种系统的优点是速度快，对于简单问题的回答效果较好，但对于复杂问题的回答效果不佳（图 2-4）。

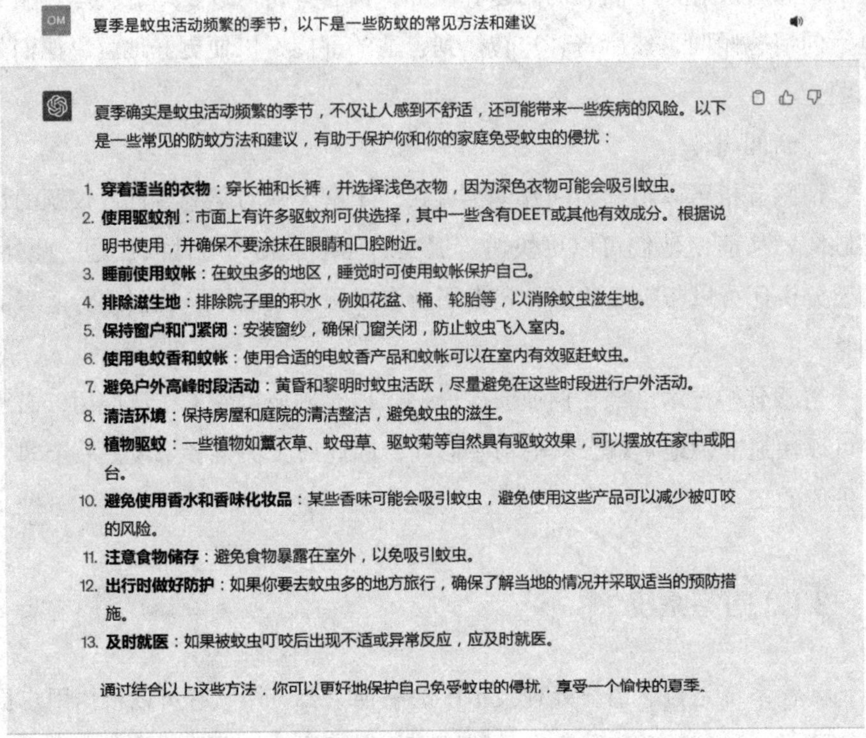

图 2–4　检索式问答

2.1.3.2 生成式问答

生成式问答系统不仅可以回答简单问题，还可以回答复杂问题。这种系统不仅可以根据系统中的语料库回答问题，还可以生成新的答案。生成式问答系统通常需要使用更多的语言处理技术，如自然语言生成、语义分析和机器学习等。通过这些技术，系统可以更好地理解用户输入的问题，并生成相应的答案。

与检索式问答不同，生成式问答系统是通过理解用户的问题，自行构建答案，这种系统可以自由生成文本，更加灵活，可以回答不同形式的问题。生成式问答系统主要有两种类型：基于模板的生成式问答系统和基于机器学习的生成式问答系统。基于模板的生成式问答系统需要人工定义一些预设的模板，然后将用户提问转化成相应的模板，从而生成答案。使用这种方法生成的答案有很高的准确性，但是需要大量的人工工作和维护，且无法覆盖所有的问题类型。基于机器学习的生成式问答系统则是通过学习大量的数据和语言模型，自动构建答案。这种方法相对于基于模板的方法更加灵活，可以应对更多的问题类型，但是其准确性可能受到训练数据和模型的限制。

近年来，生成式问答系统在自然语言处理领域取得了一些进展，如 Google 的语言模型 BERT（Bidirectional Encoder Representations form Transformers）、OpenAI 的语言模型 GPT 等，这些模型在自然语言处理领域表现出色，可以应用于生成式问答系统。

2.1.3.3 商业价值与应用

问答系统在商业领域有着广泛的应用。例如，搜索引擎公司可以利用问答系统来改进其搜索结果，增强用户体验；电子商务公司可以使用问答系统来回答用户的问题，为用户提供更好的服务；智能家居公司可以使用问答系统来回答用户的语音指令，实现家居智能化。除了商业领域，问答系统在医疗、教育、科学等领域也有着广泛的应用。例如，在医疗领域，问答系统可以帮助医生回答患者的问题，为患者提供更好的医疗服务；在教育领域，问答系统可以帮助学生解决问题，提高学习效率；在科学领域，问答系统可以帮助科学家回答研究问题，提高研究效率。问答系统作为自然语言处理技术中的一项重要应用，有着广泛的商业价值和应用前景。随着人工智能技术的不断发展和进步，问答系统的效果和智能程度也在逐步提高，旨在为人们提供更加便捷、高效、准确的信息查询和交互体验。

随着人们对智能化服务需求的不断增加，问答系统的应用前景也将更加广泛。例如，在智能客服领域，问答系统可以用于解决用户的常见问题，提高客服效率；在医疗领域，问答系统可以帮助医生快速获取大量医疗知识，辅助临床诊断；在金融领域，问答系统可以帮助客户查询账户信息、制定理财规划等，提高金融服务的智能化程度。问答系统作为自然语言处理技术中的重要应用，将在未来发挥越来越重要的作用，推动人工智能技术的发展和进步，为人们带来更加便捷、高效、准确的服务体验（图 2-5）。

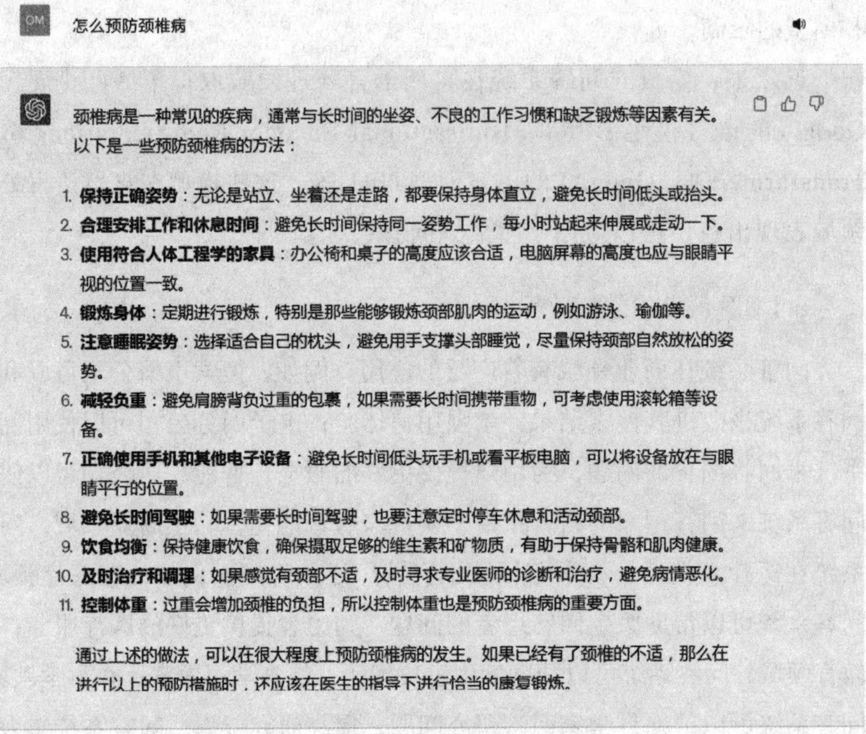
OM 怎么预防颈椎病

颈椎病是一种常见的疾病，通常与长时间的坐姿、不良的工作习惯和缺乏锻炼等因素有关。以下是一些预防颈椎病的方法：

1. **保持正确姿势**：无论是站立、坐着还是走路，都要保持身体直立，避免长时间低头或抬头。
2. **合理安排工作和休息时间**：避免长时间保持同一姿势工作，每小时站起来伸展或走动一下。
3. **使用符合人体工程学的家具**：办公椅和桌子的高度应该合适，电脑屏幕的高度也应与眼睛平视的位置一致。
4. **锻炼身体**：定期进行锻炼，特别是那些能够锻炼颈部肌肉的运动，例如游泳、瑜伽等。
5. **注意睡眠姿势**：选择适合自己的枕头，避免用手支撑头部睡觉，尽量保持颈部自然放松的姿势。
6. **减轻负重**：避免肩膀背负过重的包裹，如果需要长时间携带重物，可考虑使用滚轮箱等设备。
7. **正确使用手机和其他电子设备**：避免长时间低头玩手机或看平板电脑，可以将设备放在与眼睛平行的位置。
8. **避免长时间驾驶**：如果需要长时间驾驶，也要注意定时停车休息和活动颈部。
9. **饮食均衡**：保持健康饮食，确保摄取足够的维生素和矿物质，有助于保持骨骼和肌肉健康。
10. **及时治疗和调理**：如果感觉有颈部不适，及时寻求专业医师的诊断和治疗，避免病情恶化。
11. **控制体重**：过重会增加颈椎的负担，所以控制体重也是预防颈椎病的重要方面。

通过上述的做法，可以在很大程度上预防颈椎病的发生。如果已经有了颈椎的不适，那么在进行以上的预防措施时，还应该在医生的指导下进行恰当的康复锻炼。

图 2-5　智能问答

2.2　智能客服与支持

今天我们要聊一聊有关智能客服与支持的话题。想象一下，假如你在使用一个 APP 或购物网站时遇到了困难，你会怎么办？没错，你会想寻求客服帮助。因此，现代科技大侠——智能客服应运而生！在接下来的篇幅里，我会为你详细解说这个高科技神奇的世界（图 2-6）。

当然！以下是一些示例，展示了我作为智能客服助手的功能和支持：

例子1:
用户：我想知道明天的天气预报。
助手：当地明天的天气预报是多云，最高温度约为25摄氏度。

例子2:
用户：我对购买新款手机感兴趣，请告诉我关于它的规格和价格。
助手：新款手机具有6.5英寸显示屏，128GB存储容量，配备16MP+12MP双摄像头等功能。价格在市场上大约为450美元。

例子3:
用户：我在设置我的电视时遇到问题，无法连接到无线网络。
助手：确保您输入正确的Wi-Fi密码，并检查您的电视和无线路由器之间的距离。您还可以尝试重新启动路由器和电视，以解决连接问题。

例子4:
用户：我打算去巴黎旅行，请给我一些建议。
助手：巴黎是一座美丽的城市，您可以参观埃菲尔铁塔、卢浮宫、巴黎圣母院等著名景点。还可以品尝法国美食和漫步塞纳河畔。建议提前计划行程，并了解当地的文化和交通情况。

这些例子展示了我作为智能客服助手的功能，可以回答各种问题、提供信息和指导，帮助用户解决问题和获取所需的支持。无论是天气预报、产品信息、故障排除还是旅行建议，我都可以尽力提供准确和有用的帮助。

图 2-6　智能客服助手

2.2.1 自动回复与建议

智能客服的关键功能之一就是自动回复与建议。那么，它是如何识别问题、检索知识库并生成个性化回复的呢？我们一起来探究一下这个过程。

2.2.1.1 问题识别

问题识别是一项关键的技术，涵盖了许多领域，包括但不限于客户服务、信息技术、产品开发和市场营销。问题识别的主要目标是明确地定义问题，以便找出有效的解决方案。

在客户服务中，问题识别是至关重要的。通过与客户的交谈，客服代表需要准确识别客户的问题，并为客户找出最佳的解决方案，这需要客服代表对产品或服务有深入的了解，以及优秀的沟通和问题解决能力。例如，如果客户反馈说他们无法登录他们的账户，客服代表需要确定问题的根源，是因为密码错误，还是因为账户被锁定，或是其他原因。客服代表只有正确地识别了问题，才能为客户提供正确的解决方案。

在信息技术领域，问题识别也是一个关键任务。当系统出现故障时，IT 专业人员需要迅速确定问题的原因，以便尽快恢复服务，这可能涉及对系统日志的审查，或者对系统的深入测试。例如，如果一个网络服务无法访问，IT 专业人员需要确定问题是出在网络连接、服务器硬件，还是软件配置上。准确地识别问题是解决 IT 问题的关键一步。

在产品开发中，问题识别可以帮助团队改进产品。通过收集和分析用户反馈，产品团队可以识别产品的问题和不足，然后制订改进计划。例如，如果用户报告说一个应用程序的某个特性难以使用，产品团队需要确定问题的具体原因，是因为用户界面设计得不清晰，还是因为功能本身的问题。明确地识别问题可以帮助产品团队更有效地改进产品。

在市场营销中，问题识别可以帮助企业更好地满足客户需求。通过市场调查和数据分析，营销人员可以识别潜在客户的问题和需求，然后开发出具有针对性的产品和服务。例如，如果一个企业发现其产品在某个阶段的销售额下滑，他们需要确定问题的原因，是因为竞争对手的产品更吸引人，还是因为市场需求发生了变化。准确的问题识别可以帮助企业更有效地进行市场营销。

2.2.1.2 知识库检索与推理

有了问题识别的基础，接下来就该展现智能客服的另一神奇技能：知识库检索与推理。这时，智能客服会在其庞大的知识库中搜寻相关信息，通过强大的检索与推理能力，智能客服可以快速找到与用户问题相符的答案或相关信息。此外，根据用户的需求，智能客服还能进一步深入推理，为用户提供更详尽、更具针对性的解答。

2.2.1.3 个性化回复生成

让我们再进一步了解智能客服的最后一个技能：个性化回复生成。在识别用户问题并检索到相关信息之后，智能客服需要将答案以一种易于理解的方式呈现给用户，因此，回复生成的过程就显得尤为重要。在这一过程中，智能客服会根据用户的提问方式、语言风格和需求，生成一条既简洁又贴切的回复。

通过这三个环节，智能客服得以为用户提供快速、高效的支持与建议。与传统的人工客服相比，智能客服具有响应速度快、负载能力强、服务时间灵活等优点。因此，越来越多的企业和机构开始将智能客服应用于客户服务、技术支持等领域，以提高服务质量和用户体验。然而，智能客服并非完美无缺。与人工客服相比，智能客服在处理复杂问题、理解用户情感、展现人性化关怀等方面尚存在不足，因此，智能客服与人工客服往往需要相互配合，才能为用户提供更优质的服务。

作为用户，我们如何更好地利用智能客服呢？这里有几个小建议。

1. 用简洁明了的语言表达问题

尽管智能客服具备自然语言处理能力，但简洁明了的提问有助于它更快速、准确地识别问题。

2. 充分利用智能客服的推荐功能

智能客服在回答问题时，可能会给出多个相关建议，如果你对某个建议感兴趣，可以尝试向智能客服询问更多详细信息，或让它提供更多类似的建议。

3. 保持耐心

虽然智能客服在许多方面取得了显著进步，但它可能仍然无法完全理解你的问题或为你提供完美的解决方案，在这种情况下，请保持耐心，并尝试用不同的方式重新提问。

4. 寻求人工客服协助

如前所述，智能客服在处理复杂问题时可能存在不足，因此，当遇到智能客服无法解决的问题时，可以考虑转接至人工客服寻求帮助。

5. 提供反馈

为了帮助智能客服不断改进，用户可以在使用过程中提出反馈意见，指出其在回答问题、理解需求等方面的不足之处，这对于企业和开发者来说是非常宝贵的信息，有助于优化智能客服的性能和体验。

智能客服作为一种高效的客户服务手段，正逐渐在各行各业崭露头角。在问题识别、知识库检索与推理以及个性化回复生成等环节，智能客服为用户带来了更快速、便捷的支持与建议。尽管智能客服在某些方面仍有待改进，但随着技术的不断发展，它在未来必定会取得更大的突破，为我们的生活带来更多便利和惊喜。而在智能客服发展的过程中，我们作为用户也可以通过正确使用、提供反馈等方式，共同推动其不断完善和进步。同时，我们应意识到智能客服并非全能，人工客服在某些情况下仍具有不可替代的作用，因此，智能客服与人工客服的有机结合，将有助于为我们提供更全面、更优质的服务体验。

值得一提的是，智能客服技术的快速发展也为相关行业带来了一系列挑战和机遇。在面对这些变革时，企业和开发者需要紧密关注市场需求，不断调整和优化智能客服的功能和体验。此外，为了保护用户隐私和网络安全，智能客服的设计和应用也需要符合相关法律法规的规定。

随着人工智能技术的飞速发展，智能客服的应用将变得越来越广泛，从智能家居、在线教育到医疗保健等行业，智能客服都有着广阔的应用前景。在这个过程中，我们相信智能客服不仅会为人们带来更高效的客户服务，还将助力人类解决更多复杂问题，实现更高质量的生活。那么，此刻你是否已经跃跃欲试，想要体验智能客服的神奇魅力呢？无论是在购物、学习还是在日常生活中的其他场景，智能客服都会成为我们身边的得力助手。让我们一起期待智能客服在未来为我们带来更多便利和惊喜，共同开启更智慧、更美好的生活新篇章！

2.2.2 业务流程自动化

当人工智能遇上业务流程，一场充满激情与活力的舞蹈即将拉开帷幕。在这个智能舞台上，我们能够共同见证三个精彩篇章：表单处理与信息提取、业务逻辑执行与推进，以及用户满意度评估与优化。它们跃动在业务流程自动化的旋律中，为企业带来无限生机与活力。让我们一同观赏这场炫目的表演吧！

2.2.2.1 表单处理与信息提取

与烦琐的纸质表单告别，在智能时代的舞台上，表单处理已经成为一场炫技的盛宴。在这个舞蹈的序章，人工智能大显身手，将原本枯燥无味的数据输入变成了生动活泼的舞蹈动作，在这个过程中，光学字符识别技术（Optical Character Recognition，OCR）扮演着关键角色，其能够将纸质文档转换为电子文本，从而让企业轻松摆脱烦琐的输入工作（图 2-7）。

举例说明您对表单的处理和信息的提取

表单处理和信息提取是Web开发和数据处理中的常见任务。以下是一个简单的例子，解释了如何从HTML表单中获取信息，并在服务器端使用Python进行处理。

1. 创建HTML表单

首先，我们创建一个HTML表单来获取用户的姓名和年龄。

```html
<!DOCTYPE html>
<html>
<head>
    <title>用户信息表单</title>
</head>
<body>
    <form action="/submit" method="post">
        <label for="name">姓名:</label>
        <input type="text" id="name" name="name" required><br><br>
        <label for="age">年龄:</label>
        <input type="number" id="age" name="age" required><br><br>
        <input type="submit" value="提交">
    </form>
</body>
</html>
```

2. 使用Python和Flask处理表单

然后，我们可以使用Flask框架来创建一个Web服务器，该服务器会接收表单提交的信息并进行处理。

```python
from flask import Flask, request, render_template_string

app = Flask(__name__)

@app.route('/')
def form():
    return render_template_string(open('form.html').read()) # 加载HTML文件

@app.route('/submit', methods=['POST'])
def submit():
    name = request.form['name']
    age = request.form['age']
    return f'你好, {name}! 你的年龄是{age}岁。'

if __name__ == '__main__':
    app.run()
```

当用户通过浏览器访问此服务器并填写表单后，他们输入的姓名和年龄将发送到服务器。服务器会收到这些数据，并将它们作为变量`name`和`age`进行处理。

这个例子涵盖了从客户端到服务器的整个流程，说明了如何通过HTML表单接收用户输入，并在服务器端使用Python进行处理和提取。

在实际应用中，可能还需要添加一些验证和安全措施，例如确保输入的年龄在合理范围内，以及防止SQL注入等安全风险。

图 2-7　表单处理与信息提取

同时，智能提取技术凭借出众的舞技在舞台上尽展风采，精准地捕捉表单中的关键信息，如姓名、地址、电话等。通过这种方式，企业能够快速而准确地处理大量数据，提高工作效率。

2.2.2.2 业务逻辑执行与推进

在表单处理与信息提取的基础上，人工智能将业务逻辑执行与推进编织成一幅美妙的舞蹈画卷。在这个环节，机器人流程自动化（Robotic Process Automation，RPA）扮演着舞台上的核心角色，它们的舞步犹如一道道闪电，能够迅速而不失优雅地完成各项任务。在舞台的背后，复杂的任务规则和流程得到了巧妙的简化，变得更加清晰明了。RPA 的魅力不仅在于它的高效率，更在于它对业务逻辑的高度适应性，无论是复杂的审批流程、财务报告生成，还是客户服务管理，RPA 都能够快速地学习和适应，从而成为企业数字化转型的得力助手。它们为企业提升效率和降低成本，让员工能够更专注高价值的工作，为企业创造更大的价值。

然而，RPA 也并非万能的，它的局限性在于它只能按照预设的规则和流程执行任务，对于复杂的判断和决策还需要人工干预。因此，在数字化转型的过程中，企业需要综合考虑自身的业务需求和技术能力，采取适当的策略来利用 RPA 的优势，并不断探索和引入新的技术手段，建立更高效、智能、灵活的业务流程和管理方式。

2.2.2.3 用户满意度评估与优化

如果你是一个负责任的产品经理或客户支持人员，那么你应该知道，用户满意度评估与优化是产品或服务设计过程中不可或缺的一环。它的主要目的是了解用户对产品或服务的满意程度，并从用户的反馈中寻找优化方向，从而提高产品或服务的市场竞争力和用户口碑。

那么，如何进行用户满意度评估与优化呢？以下是一些常用的方法。

1. 用户调研

即企业通过问卷调查、深度访谈等方式收集用户对产品或服务的使用体验和意见反馈。这种方法能够直接听取用户的意见和反馈，了解用户的需求和痛点。但是需要注意的是，问卷的设计和访谈问题的制定应该尽可能地客观和全面，避免主观臆断。

2. 用户行为数据分析

即企业通过分析用户的行为数据，如使用频率、转化率、留存率等，了解用户的使用习惯和需求，以及产品或服务的问题和瓶颈。这种方法能够直观地了解用户的实际使用情况，但是需要注意的是，数据的收集和分析应该合法合规，保护用户隐私。

3.A/B 测试

即企业通过将产品或服务的不同版本随机分配给不同用户群体，并比较其表现差异，找出优化方向和最佳实践路径。这种方法能够有效地测试产品或服务的不同版本，帮助企业在实践中找出最佳方案。但是需要注意的是，测试的时间和数据量应该足够，避免结论的不准确。

4. 用户体验设计

即企业通过用户研究、原型设计、用户测试等方式，不断优化产品或服务的用户体验，提高用户满意度。这种方法能够让产品或服务更加符合用户的使用习惯和需求，但是需要注意的是，设计的过程应该注重用户体验的真实性和可行性。

5. 用户反馈处理

即企业通过对用户反馈进行分类整理，重视用户的需求和问题，及时回复用户并解决问题，增强用户对产品或服务的信任感和满意度。这种方法能够让用户感受到客户支持人员的专业和负责任，增强用户的满意度和忠诚度。但是需要注意的是，反馈处理应该及时、准确和有效。

用户满意度评估与优化是智能客服与支持中一个非常重要的话题。企业通过不断收集和分析用户反馈，有针对性地优化产品或服务，提高用户满意度和使用体验，可以大大提升产品或服务的市场竞争力和用户口碑。所以，如果你想让自己的产品或服务成为市场上的佼佼者，就要时刻关注用户的需求和反馈，不断优化用户体验，这样才能成就一款优秀的产品或服务。

2.2.3 人工与 AI 协同

在这个高速发展的时代，人工智能（AI）与人类正共同谱写一段美妙的篇章。让我们携手探讨这一课题的几个关键方面：智能分流与协作、实时监控与干预，以及培训与持续改进。

2.2.3.1 智能分流与协作

在人工与 AI 协同的过程中，智能分流与协作成为一项至关重要的机制，这一机制使得人类与 AI 可以各司其职、发挥各自优势，从而提高工作效率与成果。AI 在处理大数据、高速计算和模式识别等方面表现卓越，而人类则具备创造力、逻辑推理能力，以及丰富的情感交流能力。这种协同工作模式让两者之间形成互补关系，使他们共同发挥更大的潜能。例如，在医疗领域，人工智能可以辅助医生快速筛查病患，预测患者病情发展，从而为医生提供更加精准的诊疗建议；而医生则可以利用丰富的临床经验和人际沟通能力为患者提供个性化的医疗服务。

2.2.3.2 实时监控与干预

在人工与 AI 协同过程中，实时监控与干预也是必不可少的环节。尽管 AI 在某些方面表现出色，但由于其对环境变化的适应性相对较低，因此有时会出现错误，在这种情况下，人类便需要时刻关注 AI 的表现，适时调整其行为。这一环节可以有效保证 AI 的稳定运行，防止错误累积，确保协同工作的顺利进行。例如，在自动驾驶领域，AI 驾驶辅助系统在大部分情况下可以具备良好的驾驶性能，但在特殊场景下可能会出现失误。因此，驾驶员需要时刻关注道路状况，对 AI 驾驶辅助系统进行监控与干预，确保行车安全。

2.2.3.3 培训与持续改进

人工与 AI 协同的成功离不开培训与持续改进这一关键环节。在这个阶段，人类需要不断地对 AI 系统进行训练，以便让其适应不断变化的工作环境和需求。同时，人类也要学会利用 AI 系统的反馈来提高自己的专业素养和判断能力，从而与 AI 形成良性互动。

以客服行业为例，人工智能客服机器人经过大量数据训练后，可以在大部分场景下胜任客户咨询工作，然而，在处理复杂问题时，人工客服人员仍然需要介入。这时，人工客服可以从 AI 客服机器人的回答中汲取经验，提高自己解决问题的能力；反过来，人工客服也可以将遇到的新问题和问题的解决方案反馈给 AI 系统，帮助其不断优化和升级。

在人工与 AI 协同的大舞台上，我们需要紧密结合实际应用场景，充分挖掘人工与 AI 的潜能，以实现双方的优势互补。只有在智能分流与协作、实时监控与干预，以及培训与持续改进等方面持续优化，才能使人工与 AI 协同发挥出最大的价值。当人类与 AI 相互促进、共同进步时，我们便可以共同书写一个更加美好的未来。在这个未来里，人类与 AI 不再是竞争对手，而是朝夕相伴、携手共进的伙伴。让我们共同期待这一美好愿景的实现，见证人工与 AI 协同的辉煌篇章。

2.3　内容创作

在一个词语无限、想法纷繁的世界里，我们如何能捕捉到文字的灵感，把握住写作的黄金时刻？这个问题的答案就是——将人工智能 (AI) 融入内容创作！让我们一起来看看，我们应如何与 AI 联手，以玩味十足的风格共创丰富多彩的文字世界。

2.3.1 文章撰写与优化

随着 AI 技术的蓬勃发展，我们似乎已经逐渐适应了它在许多领域的应用。不过，当谈到文章撰写与优化，人们可能会诧异地眨眨眼，想知道 AI 如何在这一领域中发挥作用。下面，就让我们一起进入这个引人入胜的世界，看看 AI 如何为文字赋能，为文章注入灵魂。

2.3.1.1 文本生成

在这个瞬息万变的信息时代，有时候我们觉得自己就像是一只孤独的海燕，在茫茫字海中努力翱翔，寻求一丝灵感的光芒。而如今，神秘的 AI 技术犹如一位杰出的魔法师，为我们带来了神奇的文本生成能力。有了 AI 的加持，我们在撰写文章、生成文案时仿佛获得了无尽的力量，在 AI 技术的支持下，我们踏上了一场惊艳的创意之旅。下面，让我们揭开文本生成的神秘面纱，深入探索其背后的原理与应用。文本生成基于人工智能的强大数据处理与学习能力，其能够根据给定的主题、关键词或是句子，迅速生成具有逻辑连贯性和语法完整性的文章。

1.AI 与文本生成的秘密花园

AI 文本生成的原理主要基于自然语言处理（Natural Language Processing，NLP）技术（图 2-8），尤其是近年来备受瞩目的 GPT 系列等模型。通过对海量文本进行深度学习，AI 能够理解和学习人类的语言规律，并在此基础上进行文本生成。在这个奇幻的花园中，AI 成为我们探索未知领域的得力助手。

图 2-8　自然语言处理（NLP）技术

2. 跨界探险家：AI 在多领域的应用

文本生成技术已被广泛应用于各行各业。在新闻报道中，AI 能够快速撰写新闻稿；在创意写作中，AI 能够构建引人入胜的故事；在营销文案上，AI 能够生成富有创意与吸引力的广告宣传语。此外，科研论文、商业报告、博客文章等领域同样可以看到 AI 文本生成技术的身影。AI 在内容创作领域犹如一名跨界探险家，勇敢地踏足各个领域，挖掘其中的无尽宝藏。

3. 文本生成的优缺点平衡

在感叹 AI 文本生成技术的强大之余，我们也要看到其存在的局限性。首先，虽然 AI 可以生成高质量的文本，但它仍然难以达到人类作家的深度与灵活性，在某些复杂的写作场景下，AI 可能在文本表达的情感深度、语境判断等方面相对匮乏。此外，AI 文本生成存在一定的随机性，因此需要人工进行筛选和调整，以确保文本的质量和准确性。

然而，正是这种优缺点平衡，为人工与 AI 的协同创作提供了广阔的空间。在这个奇妙的组合中，人类创作者负责发挥自身的判断力、情感表达能力和创意灵感，而 AI 则负责为人类创作者提供基础素材和辅助性建议，从而共同塑造出独具匠心的文字作品。

4. 未来展望：共绘繁华的文学盛宴

纵观 AI 在文本生成领域的应用，我们可以预见一个由人工智能与人类共同绘制的繁华文学盛宴。在这场盛宴中，AI 将担任我们的贴身助手，为我们提供丰富多彩的创意素材，而我们，则要善于利用 AI 的能力，创造出更具艺术价值、更具深度的文字作品。

AI 文本生成技术为人们的内容创作注入了新的活力，让我们能够在文字的海洋中畅游。同时，我们也要明确人工与 AI 在创作过程中各自的优势和局限性，将双方的力量融合在一起，共同迈进更加精彩的文学艺术殿堂。在这个旅程中，愿我们成为最富有创意、最敢于挑战的探险家，把握住每一个灵感的火花，创作出让世界为之瞩目的作品。

2.3.1.2 语言风格调整

身为一名作家或文案师，我们常常陷入一个问题困境：如何在浩如烟海的文字世界里，捉住那些独具特色、充满魅力的语言风格？好消息是，现在有了 AI 的加持，我们不仅可以摆脱那些枯燥乏味的文风，还可以轻松跳入一个风格多元、充满惊喜的魔法乐园。在这里，我们将深入探讨语言风格调整的奥秘，一起体验 AI 如何为我们打造出让人眼前一亮的文字世界（图 2-9）。

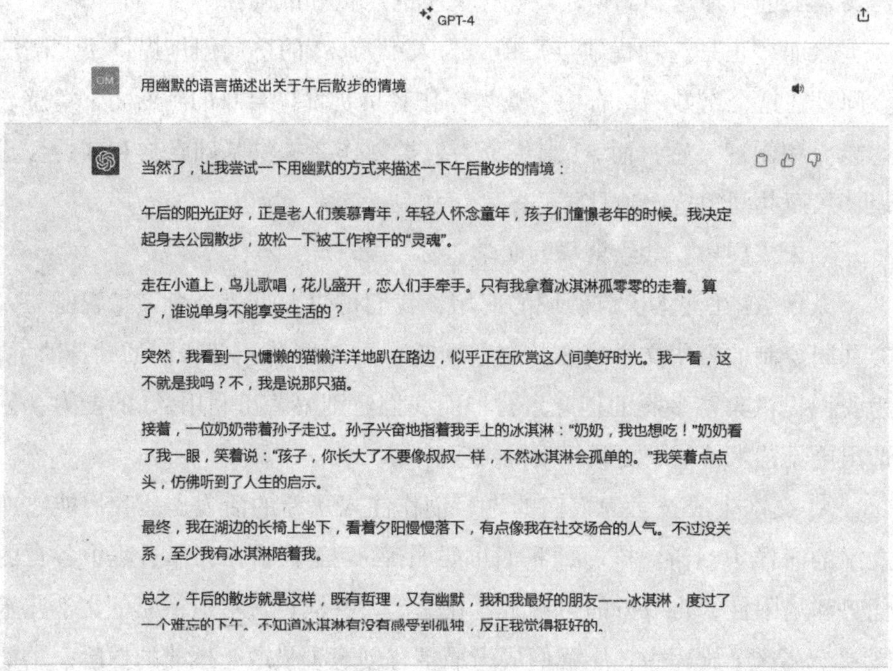

图 2-9　语言风格调整

1. 穿越语言的彩虹之门

语言风格调整这个看似普通的技术中蕴藏着强大的魔力。无论是你需要为某篇文章增添一抹幽默调皮的色彩，或是给某篇文案披上一层神秘高冷的外衣，AI 都能快速为你实现这个目标。在 AI 的帮助下，我们可以轻松穿越不同语言风格的彩虹之门，实现文本风格的无缝切换。

2. AI 与语言魔法的相遇

如何实现这样神奇的魔法呢？这就要依靠 AI 在自然语言处理技术领域的突破，尤其是近年来广受欢迎的 GPT 系列等模型。这些模型在大量语料库的基础上进行训练，使得 AI 能够理解人类的语言规律，并基于这些规律实现风格的调整。无论是在一篇文学作品中增加一丝温情，还是为一段广告语注入夺人眼球的力量，AI 都能在风格调整上发挥出惊人的魅力。

3. 一键跳舞：玩转风格调整的舞台

现在，让我们携手走进风格调整的舞台，体验一下如何利用 AI 技术轻松调整文章的语言风格。首先，我们需要输入一段文本；其次，要设置目标风格，如正式、幽默、简练等；最后，AI 会自动调整文本的风格，并生成一篇符合要求的新文本。看似简单的几个步骤，却为我们打开了一个风格丰富、色彩斑斓的文字世界。

4. 魔法搭配师：AI 在风格调整中的角色

在语言风格调整的过程中，AI 犹如一位神奇的搭配师，根据我们的需求与喜好为文本进行设置。它可以为一篇正式报告注入一丝幽默诙谐的气息，让沉闷的数据变得生动有趣；也可以为一则广告文案赋予紧张悬疑的氛围，让读者瞬间着迷。不仅如此，AI 还可以在多语言环境下展现风格调整的魔力，帮助我们跨越语言障碍，轻松实现多元文化的交流与融合。

5. 风格调整的挑战与未来

尽管 AI 在语言风格调整方面已经展现出强大的能力，但我们还需要看到其所面临的挑战。在某些情境下，AI 可能难以准确把握风格的微妙变化，或是在情感表达方面相对不足。因此，在使用 AI 进行风格调整时，我们应充分发挥人类的审美观念和创造力，与 AI 共同打造独具一格的文字作品。

语言风格调整技术让我们在文字创作的道路上游刃有余，使我们能够轻松驾驭各种风格。作为一名优秀的创作者，我们需要善于利用 AI 的魔力，挖掘更多具有艺术价值、独具特色的语言表达。在这场人类与 AI 共同谱写的文学狂欢中，愿我们勇敢地挑战传统，探索前所未有的创意与风格，与 AI 共同演绎一段精彩纷呈的文字之旅。

2.3.1.3 段落结构优化

在撰写文章时，我们可能会遇到这样的问题：观点明确、内容丰富的文章，却因为段落结构松散而让读者感到困惑，这时候，优化段落结构就显得尤为重要。那么，如何让篇章结构变得清晰有序就成了一个非常重要的问题，让我们一起来探讨。

合理的分段是优化段落结构的关键。我们可以根据内容逻辑、转折点等因素来划分段落。每个段落应该围绕一个中心观点展开论述，确保文章的连贯性和一致性。为了使段落之间衔接自然，我们可以运用过渡词、短语和句子，强化不同段落之间的逻辑关系。这样一来，文章的流畅度将得到显著提高，也能够让读者更容易跟随我们的思路。段落长度也是优化文章结构的重要因素。过长的段落可能会让读者产生阅读疲劳感，而过短的段落则可能造成内容表达不够充分等问题。合理控制段落长度，使之既能充分表达观点，又能保持阅读的舒适度，是我们在优化段落结构时应关注的问题。在撰写文章时，我们还应关注层次感的呈现。我们可以通过运用标题、副标题和列表等方式，让文章的结构变得更加分明。这样一来，读者便能更容易把握文章的核心要点，提高阅读的效率（图 2–10）。

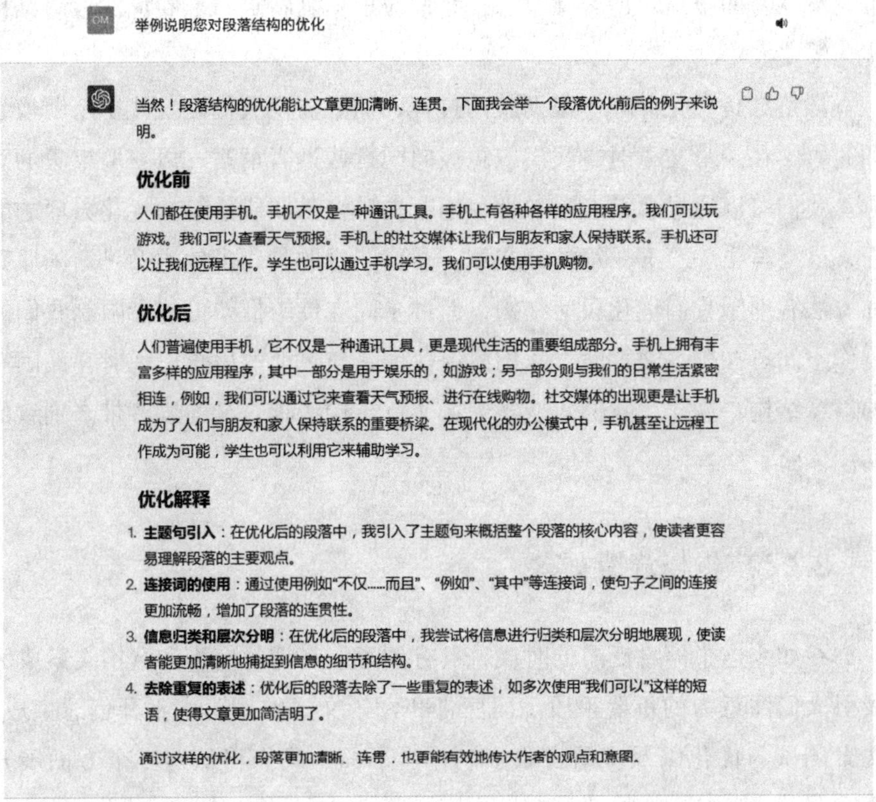

举例说明您对段落结构的优化

当然！段落结构的优化能让文章更加清晰、连贯。下面我会举一个段落优化前后的例子来说明。

优化前

人们都在使用手机。手机不仅是一种通讯工具。手机上有各种各样的应用程序。我们可以玩游戏。我们可以查看天气预报。手机上的社交媒体让我们与朋友和家人保持联系。手机还可以让我们远程工作。学生也可以通过手机学习。我们可以使用手机购物。

优化后

人们普遍使用手机，它不仅是一种通讯工具，更是现代生活的重要组成部分。手机上拥有丰富多样的应用程序，其中一部分是用于娱乐的，如游戏；另一部分则与我们的日常生活紧密相连，例如，我们可以通过它来查看天气预报、进行在线购物。社交媒体的出现更是让手机成为了人们与朋友和家人保持联系的重要桥梁。在现代化的办公模式中，手机甚至让远程工作成为可能，学生也可以利用它来辅助学习。

优化解释

1. **主题句引入**：在优化后的段落中，我引入了主题句来概括整个段落的核心内容，使读者更容易理解段落的主要观点。
2. **连接词的使用**：通过使用例如“不仅……而且”、“例如”、“其中”等连接词，使句子之间的连接更加流畅，增加了段落的连贯性。
3. **信息归类和层次分明**：在优化后的段落中，我尝试将信息进行归类和层次分明地展现，使读者能更加清晰地捕捉到信息的细节和结构。
4. **去除重复的表述**：优化后的段落去除了一些重复的表述，如多次使用“我们可以”这样的短语，使得文章更加简洁明了。

通过这样的优化，段落更加清晰、连贯，也更能有效地传达作者的观点和意图。

图 2–10　段落结构优化

随着 AI 技术的不断发展，其在段落结构优化方面的应用也日益成熟。AI 可以帮助我们快速分析文章的篇章结构，提出具有针对性的优化建议。这样一来，我们便能更高效地调整段落结构，提升文章的质量。通过合理分段、过渡衔接、控制段落长度、塑造层次感以及运用 AI 技术，我们可以优化文章的段落结构，让篇章变得清晰有序，这样的文章不仅易于理解，还能为读者带来愉悦的阅读体验。在优化段落结构时，我们还需要站在读者的角度考虑问题。了解目标受众的阅读习惯和需求，有助于我们更好地调整文章结构，使之更贴合读者的喜好。对于不同类型的文章，如学术论文、新闻报道、博客文章等，我们应根据其特点采取相应的段落结构优化策略。

段落结构优化并非一蹴而就的过程，而是需要我们在实践中不断摸索和完善。在撰写文章时，我们应积极向同行或读者请教，以获取宝贵的意见。我们可以通过总结经验教训，不断提升自己在段落结构优化方面的能力，最终写出一篇又一篇的好文章。需要注意的是，虽然遵循一定的原则和方法有助于我们优化段落结构，但过于固守传统框架可能会限制我们的创作空间。在撰写文章时，我们应保持创新与灵活的思维，适时突破固有的篇章结构，这样，我们才能既确保文章结构清晰，又为读者带来别致的阅读体验。

2.3.2 广告与营销文案

在如今这个信息泛滥的时代，具有创意、有趣的广告和营销文案成为吸引人们注意力的重要手段。而广告和营销文案的撰写离不开创意生成、文案测试与优化以及多语言版本制作。下面，我们将从这三个方面展开论述。

2.3.2.1 创意生成

创意是广告和营销文案成功的关键，它能够让广告和文案更具吸引力、独特性和记忆性，从而更好地引起消费者的关注和兴趣。那么，如何才能有效地进行创意生成呢？以下是一些常见的创意生成方法（图2-11）。

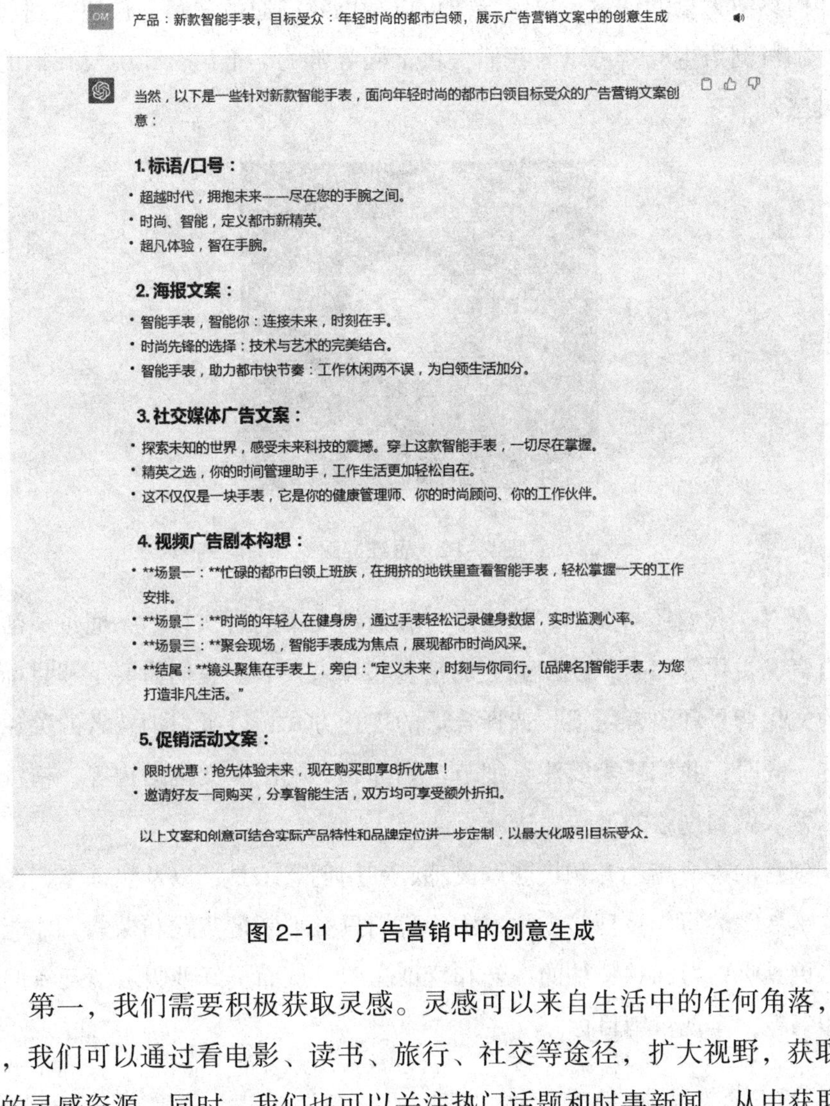

图 2-11　广告营销中的创意生成

第一，我们需要积极获取灵感。灵感可以来自生活中的任何角落，例如，我们可以通过看电影、读书、旅行、社交等途径，扩大视野，获取更多的灵感资源。同时，我们也可以关注热门话题和时事新闻，从中获取灵感，创造出具有新意的广告和营销文案。

第二，我们可以利用创意工具，如头脑风暴、思维导图（图 2-12）、随机词语生成器等，辅助我们快速生成创意。头脑风暴可以帮助我们在短时间内集中大量的创意；思维导图可以帮助我们厘清思路，快速找到切入点；随机词语生成器可以为我们提供不同寻常的词汇组合，引发我们的创意灵感。

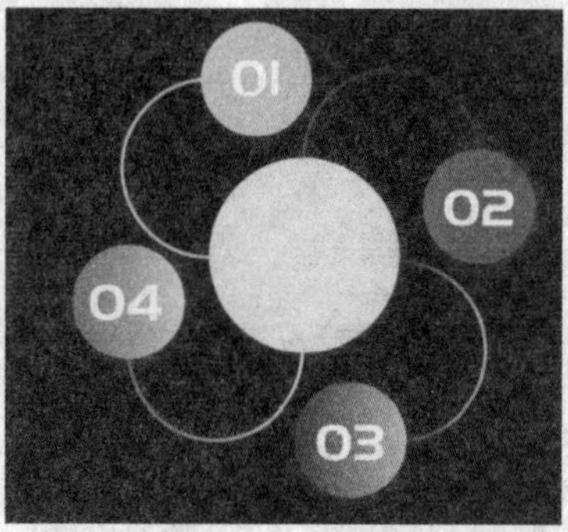

图 2-12　思维导图

第三，我们还需要熟练掌握广告和营销文案的写作技巧，通过灵活运用语言、文化等因素，使创意更加精彩和深入人心。我们需要了解目标受众的文化背景和语言习惯，选择合适的表达方式，以吸引消费者的关注和兴趣。同时，我们还需要注重细节，如标题、配图、文案结构等，精益求精，力求做到创意的最佳表达。

创意的生成离不开积极获取灵感、利用创意工具，以及熟练掌握广告和营销文案的写作技巧等多种方法。我们只有不断地实践和探索，才能创造出更具吸引力和独特性的广告和营销文案，从而更好地吸引消费者的关注和兴趣，实现营销目标。

2.3.2.2 文案测试与优化

创意生成后，我们需要将其转化为具体的广告和营销文案，这需要经过反复的测试和优化才能成功。虽然创意是广告和营销文案成功的关键，但优秀的文案不仅需要有创意，还需要经过严谨的测试和优化，以确保其能够充分发挥效果。

如何才能做好文案的测试和优化呢？首先，我们可以进行 A/B 测试。A/B 测试是一种将两个或多个版本的文案在相同的平台上进行比较，并通过数据统计和分析，选择最优文案的方法。在 A/B 测试中，我们需要保证测试的对象相似，只有这样才能更好地对比结果。同时，我们也需要保证测试结果具有代表性和可靠性，以此为基础优化文案。其次，我们可以请人进行评估，通过向同行或用户请教意见，获取反馈并进行相应调整，评估对象可以是用户、行业内的专家，甚至是内部的同事。通过向评估对象请教意见，我们可以获取更多的反馈和建议，以此改进文案的不足之处。除了以上两种方法，我们还应当关注文案的细节。俗话说，细节决定成败，在文案测试和优化过程中，我们需要注重文案的各个方面，如标题、语言表达、图文配合、字数等，精益求精，做到尽善尽美。只有这样，我们才能让广告和营销文案更具吸引力和独特性，从而更好地吸引消费者的关注和兴趣，实现营销的目标。

由此可见，优秀的广告和营销文案只有经过严谨的测试和优化，才能发挥出最好的效果。在测试和优化过程中，我们可以采用 A/B 测试、请人评估、注重文案细节等多种方法，不断改进文案，实现最佳效果。

2.3.2.3 多语言版本制作

随着全球市场的逐步开放，多语言版本的制作变得越来越重要。不同语言的读者，对于同一种广告或营销文案的接受程度是不同的，因此，我们需要考虑不同语言版本的制作，扩大营销的范围。

制作多语言版本的关键在于翻译质量的保证。我们可以通过招聘专业翻译人员、借助翻译工具等多种途径来确保翻译的准确性和流畅度。此外，不同文化背景下的广告和营销文案的表达方式也存在差异，我们需要适时地进行文化转化，使得广告和营销文案更符合当地消费者的需求和文化背景。多语言版本的制作工作也需要注意成本控制。不同语言版本的制作需要耗费大量的时间和精力，同时也需要支出各种成本，如翻译费用、排版设计等。因此，我们需要在多语言版本的制作过程中，注重质量和效率的平衡，力求做到既能保证质量，又能控制成本。

广告和营销文案的撰写离不开创意生成、文案测试与优化以及多语言版本制作。创意是广告和营销文案成功的关键，而文案的测试与优化则能够确保广告和营销文案更加优秀和有效。同时，多语言版本的制作也是开拓全球市场的必要手段。我们需要不断探索和实践，不断完善广告和营销文案的撰写技巧，创作出更加优秀和有效的广告和营销文案。

2.3.3 个性化推荐与策划

在当今数字化时代，个性化推荐已成为营销领域的重要策略之一。在这个背景下，个性化推荐与策划已经成为广告和营销文案创作的重要组成部分。下面我们将从用户画像分析、内容策划与推送，以及用户行为与反馈学习三个方面展开论述。

2.3.3.1 用户画像分析

在数字化时代，用户数据成为广告和营销文案的重要资料来源，而用户画像（图 2-13）作为用户数据的一种表现形式，被广泛应用于各行各业，尤其是在广告和营销领域。

那么，什么是用户画像呢？用户画像是根据用户的兴趣、偏好、购买历史等信息，生成的用户个性化特征。可以说，用户画像是对用户的完整描述，包括用户的基本信息、购买行为、社交偏好等。这些信息对于我们了解用户需求和喜好非常重要。例如，一位用户在网上搜索了一些关于瑜伽的信息，通过对其搜索记录和阅读内容的分析，我们可以推断他 / 她可能是一位爱好健康生活的人，具有一定的身体素质和健身意识。这样一来，广告主就可以向这位用户精准地投放健身器材或健康食品等相关广告，从而提高广告的转化率和效果。当然，用户画像的分析不仅限于搜索记录和阅读内容，还可以通过用户社交媒体中的浏览、点赞、评论等行为，以及在线购物和支付等活动，获取用户的个人喜好和购买行为，从而更好地为广告和营销文案的创作提供依据。

图 2–13　用户画像

用户画像是广告和营销领域中不可或缺的一环，它可以帮助我们更好地了解用户需求和喜好，从而使我们创作出更精准、更具吸引力的广告和营销文案。当然，获取和分析用户数据必须严格遵守相关规定和标准，以保障用户的权益和隐私。

2.3.3.2 内容策划与推送

在数字化时代，内容推送已经成为各个行业的营销策略之一。然而，推送内容的质量和个性化程度直接关系到用户的满意度和忠诚度，而用户画像分析则是实现个性化内容推送的关键。

通过对用户画像进行分析，我们可以了解用户的兴趣、偏好、购买历史等信息，制定符合其需求和兴趣的个性化内容策略。例如，一位用户是一名足球迷，通过对其浏览记录和阅读行为的分析，我们可以知道他 / 她喜欢的足球队、球员，以及这位用户对足球比赛的关注程度等。然后，我们可以通过社交媒体、邮件营销、短信推送等方式，向他 / 她推送符合需求和兴趣的内容，如最新的足球比赛、球员采访、足球装备等，从而提高他 / 她的点击率和转化率，增加用户的忠诚度和满意度。在制定个性化内容策略时，我们也需要考虑到用户的使用时间和地点，以及推送的方式和频率，以避免打扰用户、引起反感。同时，我们也需要不断地根据用户行为和反馈学习、优化内容策略，提高推送的精准度和有效性。

个性化内容推送已经成为各行各业中不可或缺的一环，它不仅能够提高用户的满意度和忠诚度，还能够提升品牌的影响力和知名度。而用户画像分析则是实现个性化内容推送的基础和关键，它能够让我们更好地了解用户需求和喜好，从而制定更精准、更符合用户需求的内容策略。

2.3.3.3 用户行为与反馈学习

在数字化时代，对用户行为的监控和分析已经成为各个行业的常规操作。而在广告和营销领域，通过对用户行为的监控和分析，我们可以了解用户对广告和营销文案的反应，进而有针对性地进行调整和优化。

具体来说，我们可以通过监控用户的点击率、浏览量、转化率等数据，分析用户对广告和营销文案的兴趣和偏好，以及哪些广告和营销文案更具吸引力和转化效果。例如，我们可以根据用户的点击记录和浏览历史，了解用户最感兴趣的产品或服务，并有针对性地向他们推送相关的广告和营销文案。同时，我们也可以通过用户行为的反馈数据，了解用户的意见和建议，进而优化广告和营销文案的内容和形式。除了监控和分析用户行为，我们也需要及时回应用户的反馈和投诉，增强用户的满意度和忠诚度。例如，如果有用户反映广告和营销文案的内容不符合实际，我们需要及时进行调整和修正，以避免误导用户和损害品牌形象。同时，我们也需要加强与用户的沟通和交流，听取用户的意见和建议，不断优化广告和营销文案的质量和效果。通过对用户行为的监控和分析，我们可以更好地了解用户的需求和偏好，优化广告和营销文案的内容和形式，提高广告和营销的效果和转化率。而及时回应用户的反馈和投诉，也能够增强用户的满意度和忠诚度，有利于我们提升品牌的形象和信誉。

个性化推荐与策划已经成为营销领域的重要策略之一。在实施个性化推荐与策划的过程中，我们需要进行用户画像分析、内容策划与推送，以及用户行为与反馈学习等多方面的工作，力求实现最佳效果。只有这样，我们才能在激烈的市场竞争中脱颖而出，实现营销的目标。

2.4　语言翻译

全球化时代，语言翻译已经成为一个非常重要的领域。通过翻译，我们可以跨越语言障碍，实现跨文化的交流和合作。在这个领域，人工翻译曾经是唯一的选择，但随着人工智能技术的发展，机器翻译也开始发展壮大。

2.4.1 神经机器翻译

让我们来深入探讨神经机器翻译这一技术。神经机器翻译是一种基于深度学习算法的机器翻译技术，已经成为机器翻译领域的一个重要分支。与传统的机器翻译相比，神经机器翻译不仅翻译效果更好，而且翻译速度更快，是当前机器翻译的主流技术之一。

神经机器翻译和传统机器翻译有什么不同呢？传统机器翻译方法采用基于规则或统计的方法，需要专家手动制定翻译规则或进行大量的数据统计和分析；而神经机器翻译则是利用深度神经网络进行自动学习和推理，从而避免烦琐的人工制定和数据分析工作。因此，神经机器翻译模型不仅可以更快地进行翻译，同时也可以更准确地进行翻译，提高了机器翻译的质量。然而，神经机器翻译也有一些挑战和限制。首先，神经机器翻译需要大量的训练数据来训练模型，以建立语言之间的映射关系，这意味着人们需要收集大量的翻译数据来训练模型，否则模型的翻译效果会受到影响；其次，对于一些低资源语言来说，训练数据可能非常有限，这会导致模型的翻译效果不佳。因此，针对这些问题，研究人员正在不断探索新的方法和技术，以进一步提高神经机器翻译模型的性能和效果。

神经机器翻译是一项非常有前途的技术，它不仅可以提高翻译效率和质量，同时也可以为人们跨语言交流和文化交流提供更便利的方式。在未来，我们相信神经机器翻译技术将会继续发展，为我们的生活带来更多的便利（图 2–14）。

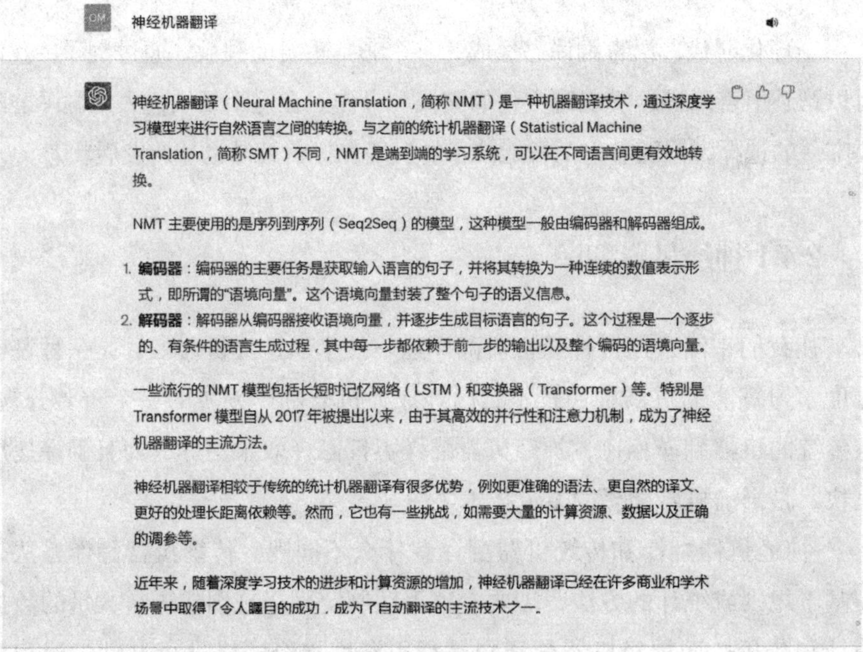

神经机器翻译

神经机器翻译（Neural Machine Translation，简称 NMT）是一种机器翻译技术，通过深度学习模型来进行自然语言之间的转换。与之前的统计机器翻译（Statistical Machine Translation，简称 SMT）不同，NMT 是端到端的学习系统，可以在不同语言间更有效地转换。

NMT 主要使用的是序列到序列（Seq2Seq）的模型，这种模型一般由编码器和解码器组成。

1. **编码器**：编码器的主要任务是获取输入语言的句子，并将其转换为一种连续的数值表示形式，即所谓的“语境向量”。这个语境向量封装了整个句子的语义信息。
2. **解码器**：解码器从编码器接收语境向量，并逐步生成目标语言的句子。这个过程是一个逐步的、有条件的语言生成过程，其中每一步都依赖于前一步的输出以及整个编码的语境向量。

一些流行的 NMT 模型包括长短时记忆网络（LSTM）和变换器（Transformer）等。特别是 Transformer 模型自从 2017 年被提出以来，由于其高效的并行性和注意力机制，成为了神经机器翻译的主流方法。

神经机器翻译相较于传统的统计机器翻译有很多优势，例如更准确的语法、更自然的译文、更好的处理长距离依赖等。然而，它也有一些挑战，如需要大量的计算资源、数据以及正确的调参等。

近年来，随着深度学习技术的进步和计算资源的增加，神经机器翻译已经在许多商业和学术场景中取得了令人瞩目的成功，成为了自动翻译的主流技术之一。

图 2–14　神经机器翻译

2.4.1.1 编码器－解码器架构

编码器－解码器架构是深度学习中的一种常见模型结构，尤其是在处理序列到序列（seq2seq）的任务中，如机器翻译、语音识别、文本生成等。这种架构主要由两部分组成：编码器（Encoder）和解码器（Decoder），二者通常都是由一种或多种类型的神经网络构成。

编码器的主要任务是将输入的数据转换成一种中间的表示形式，这种形式通常被称为“上下文向量”或“嵌入向量”。在处理文本数据时，以机器翻译任务为例，编码器的输入可能是一个句子，这个句子由一系列的单词或字母组成，编码器会把这个句子转换成一个固定长度的向量，这个向量包含了输入句子的语义信息。在这个过程中，编码器需要捕获和理解输入数据的各种特征，包括单词的含义、语法结构、上下文关系等。编码器通常采用循环神经网络（RNN）、长短期记忆网络（LSTM）或者门控循环单元（GRU）等模型来处理这种序列数据。

解码器则是负责将编码器生成的上下文向量转换成目标数据。在机器翻译任务中，解码器的目标可能是生成另一种语言的句子，为了完成这个任务，解码器需要理解上下文向量中的语义信息，并根据这些信息生成符合目标语言语法规则的句子。解码器在生成每一个单词或字母时，都要考虑上下文向量的信息，以及已经生成的单词序列。这样，解码器就可以确保生成的句子不仅与输入句子在语义上相一致，而且在语法结构上也是合理的。和编码器一样，解码器通常也采用 RNN、LSTM 或 GRU 等模型。

2.4.1.2 注意力机制与 Transformer

在神经机器翻译的领域里，有一种“注意力不集中”的现象。这个现象就像我们在看手机的时候，突然被身边响起的音乐吸引，从而分心一样。为了避免这种“注意力不集中”的情况，在翻译的过程中，我们需要引入注意力机制。通过注意力机制，翻译模型可以在翻译过程中“注意”

到输入语言和目标语言中最重要的部分，从而提高翻译的精准度。

而 Transformer 技术则是在注意力机制基础上进行的改进。它的自注意力机制能够帮助模型更好地理解输入和输出的关系，从而提高翻译的准确性和效率。类比一下，这就好像在学习英语的时候，你会根据上下文理解单词的含义，而不是去背单词表。这种自然语言的理解能力，正是 Transformer 技术所强调的。

在实际应用中，要让这些技术更好地发挥作用，我们还需要不断对其进行优化和改进。例如，通过更高效的计算方式、更合适的超参数设置等，提高模型的性能和速度。

2.4.1.3 实时翻译系统

当我们走在异国他乡的街头，看到那些看不懂的菜单和路标，脑海中不禁浮现出一个念头——如果有个神奇的翻译系统就好了！而实时翻译系统就如同这样一位神奇的翻译官，可以实时帮助我们翻译不同语言的文字和语音信息，让我们在异国他乡也能够无障碍地交流和生活。

实时翻译系统（图 2-15）的原理是利用神经机器翻译技术，将语音或文字信息转化为一种中间语义表示，然后再将中间语义表示转化为目标语言的文本或语音信息。在这个过程中，实时性和准确性是两个关键因素。为了实现实时翻译，我们需要采用高效的模型架构和算法，并对模型进行优化和精简；为了提高翻译质量，我们需要通过大量的数据来训练模型，并利用注意力机制和 Transformer 技术等手段对系统进行优化。实时翻译系统的应用场景非常广泛，其在旅游、商务、科研等领域都可以发挥巨大的作用。例如，当你在国外旅游时，通过实时翻译系统，可以轻松地了解当地的风土人情和历史文化，也可以方便地进行购物和交流；在商务领域，实时翻译系统可以帮助企业开拓海外市场，解决跨语言沟通的难题；在科研领域，实时翻译系统可以促进不同国家和地区的学者进行交流和合作，推动科学技术的发展。

图 2-15　AI 实时翻译

实时翻译系统是神经机器翻译技术的一个重要应用，它可以为我们的生活和工作带来极大的便利。我们相信，随着技术的不断进步和应用的不断扩展，实时翻译系统的应用领域将会越来越广泛，为我们的未来带来更多的可能性。

综上所述，我们知道，神经机器翻译是一种快速、准确、高效的翻译技术，其正在逐渐赶超传统机器翻译技术，成为机器翻译领域的主流技术之一。

2.4.2 多语言模型与迁移学习

多语言模型是一种能够处理多种语言的模型，它可以对不同的语言进行翻译和理解。这对于全球化时代的我们来说非常重要，因为它可以帮助我们在不同的语言环境中进行交流和合作。不仅如此，多语言模型还可以为我们节省时间和资源，使我们可以在不同的语言中使用同一模型，而不必每次从头开始训练一个新模型。

迁移学习，是一种将已有的知识和模型迁移到新问题上的技术。迁移学习可以帮助我们利用已有的数据和知识来解决新问题，而无须从头开始训练一个新模型。例如，我们可以将已有的自然语言处理模型迁移到一个新的语言上，从而更快地建立新的语言模型，这样可以大大缩短建立新模型的时间，提高建模效率（图 2–16）。

举例说明多语言模型与迁移学习

多语言模型和迁移学习都是深度学习和自然语言处理领域的重要概念。以下分别说明这两个概念，并给出举例。

1. 多语言模型

多语言模型是指可以理解和生成多种不同语言的模型。这类模型的训练数据通常涵盖了多种语言，因此它们能够在不同语言间进行通信和翻译。

举例：

假设你有一个商业场景，需要与世界各地的客户进行沟通。你可以训练一个多语言模型来处理来自不同语言的客户查询，例如英语、中文、法语等。如此一来，你不需要为每种语言单独开发和维护一个模型，大大提高了效率和可扩展性。

受欢迎的多语言模型如BERT的多语言版本mBERT，可以理解和生成多达100多种不同语言。

2. 迁移学习

迁移学习是一种利用已经在一个任务上训练过的模型，为另一个类似的任务提供先验知识的技术。通过迁移学习，我们可以利用预训练的模型进行微调，以适应新的特定任务，从而节省大量的训练时间和资源。

举例：

假设你已经有一个在大型图像数据集上训练过的卷积神经网络模型，用于识别1000种不同的物体。现在，你想开发一个新的模型来识别某个特定种类的植物。

通过迁移学习，你可以将之前训练好的模型作为新任务的起点。你只需替换和微调最后几层网络，使其适应新的植物识别任务。这样，你可以利用之前模型学习到的低级和中级特征，例如边缘和纹理等，从而大大减少新任务的训练时间和所需的数据量。

结合两者，多语言模型的预训练还可以与迁移学习相结合，先在大量多语言数据上进行预训练，再针对特定语言或任务进行微调，这样可以在不同的语言和任务之间实现知识的共享和迁移。

图 2–16　多语言模型与迁移学习

2.4.2.1 多语言预训练模型

多语言预训练模型是一种经过训练能够理解多种语言的模型，这可不是一件易如反掌的事情。就像我们在一场对话中能够流畅地在英语、西班牙语和中文之间切换一样，这是一项不易的任务。

为什么多语言预训练模型这么难呢？首先，这需要大量的数据来训练模型，尤其是对于多语言模型来说，这需要大量不同语言的数据。其次，语言之间存在许多复杂的语法和词汇差异，这需要模型能够理解和处理不同的语言特征，从而对语言进行正确的翻译和理解。

多语言预训练模型的好处也是十分明显的。我们可以在多种语言中使用同一模型，这样能够节省时间和资源，这也为跨语言应用程序的产生提供了新的可能性。

我们还需要讨论一下零样本和少样本学习，这是指模型从非常有限的数据中学习的能力。尤其对于一些低资源语言来说，关于它们的训练数据可能非常有限，这会导致建立有效的语言模型变得困难。但是使用零样本和少样本学习，我们可以利用计算机中所拥有的数据，取得令人印象深刻的结果。这项技术将有助于我们更好地解决低资源语言翻译的问题，提高翻译质量和效率。

随着云计算和高性能计算技术的不断发展，我们能够更好地处理和分析大规模的语言数据，这为语言预训练模型的研究提供了更多的机会。相信在不久的将来，我们会看到更多更先进的语言预训练模型的出现，从而为我们的日常生活带来更多的便利。

我们要注意的是，语言预训练模型虽然很强大，但仍然有一些局限性。例如，由于不同语言之间的差异和语言数据的特征，模型可能存在一些偏差和错误。因此，在实际应用中，我们需要更好地理解模型的特性和局限性，并有针对性地调整和优化模型，以确保其能够准确地翻译和理解不同的语言。

语言预训练模型的发展对于我们的生活和工作有着重要的意义。随着技术的不断发展，我们相信，人们对于语言预训练模型的研究和应用会越来越深入，未来的语言预训练模型也能够为我们的生活带来更多的便利。

2.4.2.2 迁移学习

迁移学习是机器学习中的一个重要概念，它是指模型将在一个任务或领域上获得的知识应用到另一个任务或领域的过程。这种方法的核心思想是利用模型已有的学习成果，以减少其对新任务的学习时间和所需数据量。迁移学习在许多机器学习和深度学习的应用中都得到了广泛的使用，包括自然语言处理、计算机视觉和强化学习等。

在实际应用中，迁移学习通常包括两个阶段：预训练阶段和微调阶段。在预训练阶段，模型在一个大规模的数据集上进行训练，以学习一般的表示和特征。例如，在自然语言处理任务中，预训练模型可能会在大规模的文本语料库上进行训练，以学习词语的语义和语法规则；在计算机视觉任务中，预训练模型可能会在大规模的图像数据集上进行训练，以学习物体的形状和纹理等视觉特征。这些学习到的表示和特征为模型提供了一个好的初始点，使得模型能够更快地适应新任务。在微调阶段，模型在特定的任务数据上进行训练，以适应该任务的特定需求。这个过程中，模型的参数会进行细微的调整，以优化对任务数据的预测性能。通常情况下，微调阶段需要的数据量相对较小，因为模型已经在预训练阶段学习到了大量的知识，通过这种方式，迁移学习可以有效地利用有限的任务数据，获得高质量的预测性能。

迁移学习的一个重要优点是它可以处理数据的稀缺任务。在许多实际应用中，获取大量的标注数据是非常困难和昂贵的，通过迁移学习，我们可以利用模型在其他任务上获取的知识，以减少对新任务数据的依赖。此外，迁移学习还可以帮助我们处理不同领域的任务，通过迁移学习的表示和特征，我们可以使模型更好地适应新的领域。

2.4.3 语言服务行业的变革

在这个充满奇迹和变革的 21 世纪，语言服务行业正经历着一场革命。从前，我们的祖先依靠各种奇妙的信号、图画甚至石头来进行沟通，而现在，我们可以在几秒钟内将文字翻译成多种语言，随时随地掌握全球资讯。

2.4.3.1 专业翻译辅助工具

翻译向来是一件充满挑战的工作，译者需要具备一定的语言技能和对目的语国家文化背景的了解。然而，这并不意味着他们必须孤身一人面对这些挑战，随着技术的不断进步，专业翻译辅助工具应运而生，其为广大译者提供了强大的支持。

这些工具就像一位贴心的“助手”，通过大数据和人工智能技术，使人们实现对词汇、语法、语义和风格的深度理解。有了它们的帮助，译者可以轻松地跨越语言和文化的障碍，专注于传达精准的信息。当然，我们也不能忘记翻译记忆库这个“超能力”的存在，它们将大量的翻译文本存储起来，为译者提供参考，使得翻译工作更加轻松愉快。所以，亲爱的译者们，再也不用担心手抽筋、头秃了！

2.4.3.2 社交媒体与在线内容的自动翻译

说起社交媒体，你是不是已经忍不住手指发痒，想刷刷朋友圈、看看微博了？没错，社交媒体已经成为我们生活中不可或缺的一部分。然而，面对这个五花八门、各种语言混杂的信息世界，大家是不是有时会感到无所适从呢？别担心，自动翻译功能的出现使越来越多的社交媒体平台和在线网站都开始采用自动翻译功能，这些平台与网站旨在让用户跨越语言障碍，轻松地获取各种信息。虽然自动翻译功能尚不完美，但随着技术的不断发展，它们已经在逐步提高准确性和流畅度，不断为用户带来更加便捷的体验。这无疑是全球化时代的一大进步，为推动世界各民族间的友好交往作出贡献。

2.4.3.3 语言教育与文化交流

在传统的语言教育中，学习者通常需要依靠一位外教老师，以及参加大量的课程来获取语言技能，花费了大量时间和精力。然而，随着技术的发展，人们语言学习的方式也发生了翻天覆地的变化，现在，人们可以通过在线教育平台、手机应用等工具，随时随地进行语言学习，打破了时间和空间的限制。

人工智能技术的运用使得人们的语言学习变得更加智能化和个性化。语言学习软件和应用可以根据学习者的水平、兴趣和进度进行调整，使得学习者的学习过程更加高效。同时，实时语音识别和语音合成技术的应用也使得语音交流的学习变得更加方便，有助于帮助学习者提高口语能力。

语言服务行业的变革还推动了跨文化交流的发展。随着网络平台的普及，人们可以更方便地了解其他国家的文化、历史和风俗，这不仅促进了世界各民族的相互了解，还为跨文化合作提供了更多机会。例如，在文化产业中，翻译技术的发展使得文学、影视作品等可以更方便地传播至全球各地，为世界各地的观众带来丰富的文化享受。语言服务行业的变革是一场惠及全人类的革命，它让我们跨越地域和语言的隔阂，实现了信息的自由流通和文化的共享。未来，在这场变革的推动下，人类社会将迈向一个更加繁荣、和谐、多元的新时代。

2.5　人工智能教育

随着人工智能技术的发展，教育领域也在经历一场深刻的变革。人工智能的应用不仅为学习者带来了个性化的学习体验，也为教师和教育管理者提供了智能化的教学辅助工具。接下来，我们将从以下几个方面探讨人工智能在教育领域的应用。

2.5.1 个性化学习路径

在这个日新月异的时代，个性化学习已经成为一个热门的话题。所谓个性化学习路径，就是为每位学习者量身定制一条适合他们的学习道路，让他们在愉快的氛围中学有所成。听起来是不是很美好？那就让我们一起来探讨一下个性化学习路径吧！

2.5.1.1 学习者画像分析

什么是学习者画像分析呢？想象一下，如果我们把每个学习者都比作一幅独特的画作，那么学习者画像分析就好比是一位聪明的艺术评论家，能够观察和分析每一幅画作的细微之处，揭示学习者的学习特点和需求。换句话说，学习者画像分析就是通过对学习者的数据进行收集和分析，使我们更准确地了解他们的特点和需求。

学习者画像分析应该从哪些方面进行呢？答案是多方面、全面性地把握学习者的信息。其中，学习行为、学习成绩和学习习惯等信息是分析的重点。例如，分析学习者在课程中的互动频率、完成任务的速度、查看学习资料的次数等，以便了解他们的学习行为特点；关注学习者的考试成绩、作业质量等方面，以便了解他们的学习能力；观察学习者的学习时间分布、偏好学科等方面，以便了解他们的学习习惯。那么，学习者画像分析的过程是怎样的呢？首先，我们要收集学习者的相关数据，这包括课程平台上的学习记录、成绩报告等；其次，我们要对这些数据进行整理和归纳，运用统计学和人工智能技术进行深入分析；最后，形成一份详细的学习者画像报告，呈现学习者的独特特点和需求。

通过学习者画像分析，教育工作者可以做到以下几点：一是更好地了解每个学习者，为他们提供个性化的关注和支持；二是制定更合适的课程内容和教学策略，提高教学质量；三是进行有效的教育评估，为学习者提供有针对性的反馈建议。说到这里，我们不禁会好奇，学习者画像分析究竟能给教育带来哪些实际益处呢？以下列举了一些显著的优点（图 2–17）。

例如，我是一名高三毕业班学生，今年参加高考，我的语文成绩 110 分，数学成绩 120 分，英语成绩 96 分，理科综合成绩 190 分，帮我制订一个学习计划表，用于这段时间的学习冲刺。

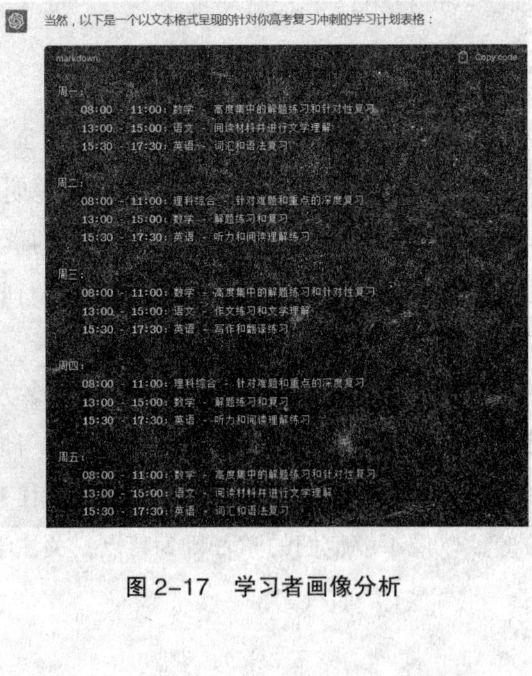

图 2–17　学习者画像分析

1. 提升学习效果

借助学习者画像分析，教师可以更精准地把握学生的优势和不足，从而设计出更符合学生需求的课程和辅导方案，帮助他们在短时间内取得更好的学习成果。

2. 提高教学效率

学习者画像分析使得教师不再盲目地“按部就班”教学，而是针对学生的实际需求进行有针对性的教学，从而节省了大量的时间和精力。

3. 优化课程设置

通过分析学习者画像，教育机构可以调整课程设置，优化教学内容，以满足更多学习者的需求。

4. 提高教育公平性

学习者画像分析有助于揭示每个学生的独特潜能，让教育资源更加公平地分配，打破“一刀切”式的教育模式，让每个学生都有机会发挥自己的长处。

5. 促进教育创新

学习者画像分析作为一种新兴的教育技术，有助于推动教育理念的更新，从而促进教育领域的创新发展。

在这个科技飞速发展的时代，学习者画像分析正以其独特的魅力，成为越来越多教育工作者和学习者的伙伴，它使得个性化教育变得触手可及，能够让更多的学习者在愉快的氛围中实现自己的成长。学习者画像分析就像一面镜子，能够映射出每个学习者的独特风采，让教育变得更加精准、有效、有趣。我们有理由相信，在不久的将来，学习者画像分析将在教育领域发挥更加重要的作用，为个性化学习铺平道路。

2.5.1.2 课程推荐与规划

在这个智能化、个性化的时代，课程推荐与规划已经不再是简单粗暴的“照单全收”，教育工作者们正逐渐意识到，每个学习者都是独特的个体，他们的学习需求和兴趣各不相同。因此，要让每个人在海量的课程中找到适合自己的那一片天地，课程推荐与规划就显得尤为关键。接下来，我们将聊聊课程推荐与规划这个话题。

如何实现精准的课程推荐与规划呢？这里，我们要借助学习者画像分析的力量。正如前文所述，学习者画像分析是指通过对学习者的数据进行收集和分析，形成一幅生动的学习者画像。这幅画像就好比是一份详细的菜单，告诉我们每个学习者的兴趣爱好、学习能力、学习习惯等特点，有了这份菜单，我们就可以更好地为学习者量身定制课程推荐与规划。

课程推荐与规划分为以下几个步骤。

1. 筛选课程

根据学习者画像分析结果，筛选出符合学习者需求和兴趣的课程。例如，对于喜欢编程的学习者，可以向其推荐相关的编程课程；对于学习能力较强的学习者，可以向其推荐更高级别的课程。

2. 制订学习计划

为学习者设计合适的学习计划，明确课程学习的时间安排、进度要求等。这就好比为学习者规划了一条清晰的道路，有助于帮助他们更高效地学习。

3. 实施与跟踪

在学习过程中，密切关注学习者的学习表现和进度，及时调整课程推荐和学习计划。这可以确保学习者始终能够在合适的时间以合适的方式，掌握所需的知识。

4. 反馈与调整

通过收集学习者对课程的反馈意见，及时调整推荐课程和学习计划，使其更加贴合学习者的实际需求。这就像是在制作美食的过程中，厨师要根据食客的口味喜好不断调整菜品，让他们品尝到更美味的佳肴。

在实际操作中，课程推荐与规划往往借助人工智能和大数据技术，实现快速、精准、高效的课程匹配。以往，教师和教育机构需要花费大量时间和精力进行课程筛选与规划，如今，有了智能技术的加持，课程推荐与规划变得更加轻松。课程推荐与规划究竟给学习者带来了哪些好处呢？简而言之，它可以让学习变得更加有趣、高效、愉悦。通过精准的课程推荐与规划，学习者能够找到真正适合自己的课程，避免浪费时间和精力在不感兴趣或水平不适宜的课程上。此外，个性化的学习计划有助于学习者更好地安排时间、提高学习效率，从而在有限的时间内，获取更多的知识和技能。

课程推荐与规划就像是一位智慧的“美食导游”，引领学习者在知识的海洋中尽情畅游，品味属于自己的那份美好。在未来的教育领域，课程推荐与规划必将发挥更加重要的作用，让学习者的个性化学习成为一种常态。

2.5.1.3 实时反馈与调整

在学习这个永恒的主题上，实时反馈与调整就像是一位贴心的朋友，时刻陪伴着我们，为我们提供及时的帮助与支持，有了它们，我们能够更好地把握学习的节奏，避免走入误区，从而更快地实现学习目标。那么，让我们一起来聊聊实时反馈与调整吧！

简单来说，实时反馈就是在学习过程中，及时向学习者提供关于他们学习表现、进度和问题的信息，帮助他们明确自己的优势和不足，从而使他们更有针对性地进行学习。实时反馈就像一面镜子，让学习者能够时刻了解自己的学习状况，适时调整学习策略。而实时调整，就是根据实时反馈的信息，对学习者的学习计划、课程安排等进行及时调整，以便更好地满足他们的个性化需求。正如那句流行的谚语所说：“适者生存。”实时调整能够让学习者快速适应变化多端的学习环境，抓住学习的机遇，更高效地实现学习目标。实时反馈与调整有很多实际应用场景，以下是其中的一些例子。

1. 在线学习平台

许多在线学习平台都采用了实时反馈与调整技术，向学习者提供实时的学习建议和课程推荐。这样，学习者在学习过程中可以随时了解自己的学习状况，调整学习计划，提高学习效果（图 2–18）。

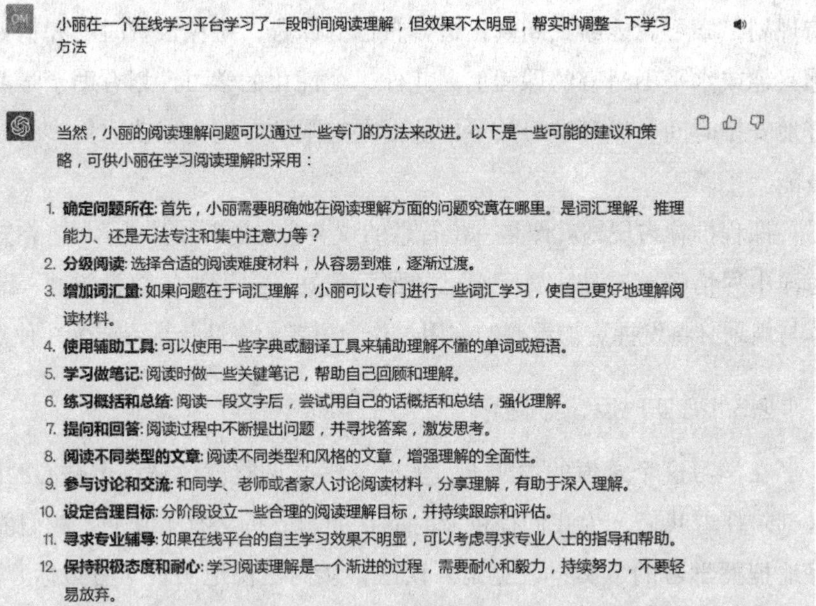

图 2–18　实时反馈与调整

2. 互动式教学

越来越多的教师在课堂上采用互动式教学方法，以实时反馈和调整为基础，进行教学。例如，教师通过即时测验、讨论和问答等方式，了解学生的学习情况，对教学内容和方法进行及时调整，以满足学生的个性化需求。

3. 智能教育系统

一些先进的智能教育系统可以根据学习者的实时反馈，自动为他们生成个性化的学习计划和课程推荐。这样，学习者就可以在最短的时间内，掌握最适合自己的知识和技能，从而更高效地实现学习目标。

实时反馈与调整究竟给学习者的学习带来了哪些好处呢？首先，它们让学习者的学习变得更有针对性和个性化。学习者可以根据实时反馈了解自己的优势和不足，从而有针对性地调整学习策略，提高自己的学习效果。其次，实时反馈与调整可以为学习者提供个性化的学习计划和课程推荐，让他们在有限的时间内学到更多的知识和技能。再次，实时反馈与调整让学习者的学习变得更加自适应和灵活。在学习过程中，学习者可能会遇到各种困难和挑战，而实时反馈与调整正是帮助他们应对这些问题的有效途径。有了实时反馈与调整，学习者可以随时了解自己的学习状况，调整自己的学习计划，更好地适应学习环境。最后，实时反馈与调整有助于培养学习者的自主学习能力。通过实时反馈，学习者可以更好地了解自己的学习情况，形成对自己学习过程的认识和掌控；而实时调整则让学习者在学习过程中，不断调整自己的学习策略，以更好地实现学习目标。

在这个充满变化的时代，实时反馈与调整正成为学习者越来越重要的学习工具，它们能够帮助学习者更好地把握学习的节奏，充分发挥自己的潜能，实现个性化学习的目标。让我们一起拥抱实时反馈与调整，让学习之旅更加轻松愉悦！

2.5.2 智能教学助手

在 21 世纪的教育领域，智能教学助手如同一位亲切、贴心的朋友，能够随时为学习者提供温馨的帮助。在快节奏的生活中，智能教学助手给我们带来了轻松愉快的学习体验，让知识变得更加可爱。

智能教学助手拥有多样的功能，它能为学习者提供及时、准确的学习指导，如在线答疑、辅导等，解决他们在学习过程中遇到的难题。此外，智能教学助手还可以通过作业批改与评估，让学习者更好地了解自己的学习表现，从而调整学习策略，提高学习效果。除此之外，教学助手还能够通过教学资源生成与推荐，为学习者提供丰富、个性化的学习内容，让他们的学习变得更加丰富多彩。让我们拥抱智能教学助手，一起在轻松愉悦的氛围中探索知识的无穷魅力吧！

2.5.2.1 作业批改与评估

在充满知识和挑战的学习过程中，作业批改与评估是必不可少的一环。而智能教学助手就像一位善解人意的指导者，总是能用轻松愉快的方式为我们提供作业批改与评估服务，让我们更好地了解自己的学习状况。接下来，就让我们一起来探讨一下作业批改与评估这个有趣的话题吧！

智能教学助手在作业批改方面有着得天独厚的优势。传统的作业批改通常需要老师花费大量时间和精力，而智能教学助手可以利用人工智能技术，高效、准确地完成作业批改。这不仅能为教师节省宝贵的时间，也可以让学生更快地收到批改结果，根据结果调整自己的学习计划。有了智能教学助手的帮助，作业批改变得轻松而愉快。在作业评估方面，智能教学助手也大展身手。通过对学生的作业进行深度分析，智能教学助手能够为学生提供全面、客观的评估，帮助他们发现自己的优势和不足。同时，智能教学助手还可以根据学生的学习表现，为他们提供个性化的学习建议，让他们更有针对性地进行学习。这样一来，学生在享受轻松愉快的学习过程的同时，也能不断提高自己的学习能力。

智能教学助手在作业批改与评估方面究竟带来了哪些好处呢？第一，它提高了作业批改的效率。借助智能教学助手，老师能够更快地完成作业批改，从而更有效地提升教学效果。此外，智能教学助手可以为学生提供更为客观、公正的评估，帮助他们充分了解自己的学习状况，从而使他们更好地调整学习策略。第二，智能教学助手还能够根据学生的学习表现，为他们提供个性化的学习建议，这使得学生能够更有针对性地进行学习，提高自身的学习效果。第三，智能教学助手在作业批改与评估中的应用还有助于减轻老师的工作负担，这样一来，老师可以将更多的精力投入教学设计和学生辅导中，进一步提高教学质量。第四，智能教学助手在作业批改与评估中还具有很好的互动性。它可以通过在线答疑、讨论等方式，与学生建立起良好的沟通渠道，这不仅有助于提高学生的学习积极性，还能让他们更好地了解自己的学习进度，增强学习自信。第五，智能教学助手还能为学生提供更加安全、便捷的学习环境。在家庭作业批改与评估的过程中，学生可以随时随地与智能教学助手互动，不受时间和地点的限制，这样，他们可以更加轻松地安排学习计划，提高学习效果。

智能教学助手在作业批改与评估方面的应用，无疑为学习者的学习带来了极大的便利，它让学习者能够更轻松地面对作业，更好地了解自己的学习状况，更有效地提高学习能力。在这个充满挑战的时代，让我们一起拥抱智能教学助手，迈向更加美好的未来！

2.5.2.2 在线答疑与辅导

在知识迅猛发展的今天，我们总会遇到各式各样的学习难题。而在线答疑与辅导就像是一个指引我们走出困境的明灯，让我们的学习之旅更加轻松愉快。那么，立足在线答疑与辅导这个主题，我们又能发现哪些有趣的内容呢？让我们一起来看看吧！

首先，智能教学助手在在线答疑与辅导方面表现出了强大的实力。传统的线下答疑与辅导往往受限于时间和空间，但智能教学助手则突破了这些限制。无论何时何地，只要你有问题，智能教学助手都能为你提供及时、准确的解答。这让我们的学习变得更加便捷，让我们能够随时随地充实自己。其次，在线答疑与辅导还具有高度的互动性。借助现代科技手段，学生可以与智能教学助手进行即时的沟通，更好地了解知识点。同时，智能教学助手还可以为学生提供个性化的学习建议，让他们能够有针对性地进行学习，提高学习效果。再次，智能教学助手在在线答疑与辅导中还表现出了强大的适应性。随着人工智能技术的发展，智能教学助手能够更好地理解学生的问题，并为他们提供更精准的解答。而且，智能教学助手还可以根据学生的学习情况，调整自己的回答风格，让学生的学习变得更加轻松有趣。第四，在线答疑与辅导有助于提高学生的学习积极性。与传统的教学方法相比，在线答疑与辅导更加个性化、更具灵活性，可以满足学生的不同需求。在智能教学助手的陪伴下，学生可以更好地投入学习，享受知识的乐趣。第五，在线答疑与辅导也有助于提高教育质量和资源利用效率。借助智能教学助手，学生可以更好地利用碎片化时间进行学习，而教师也能够更加高效地为学生提供帮助。这样，教育资源可以得到更好的利用，整个社会的教育水平也将得到提高。最后，在线答疑与辅导还能促进教育公平。在传统教育体系中，教育资源往往分布不均，但智能教学助手的普及使得越来越多的学生能够享受到优质的教育服务。这样，无论家庭背景如何，每个人都有机会接触到最先进的教育资源，追求更美好的未来。

在线答疑与辅导还能带来诸多其他好处。例如，通过在线答疑与辅导，学生可以更好地锻炼自主学习能力，培养良好的学习习惯；通过在线答疑与辅导，学生能够建立起更广泛的知识体系，扩大他们的视野，这样，他们在面对未来的挑战时就会变得更加从容自信（图 2-19）。

OM 我是一个初中生，对化学反应中的质量守恒定律不太理解，帮我分析下这个知识点

当然，质量守恒定律是化学反应中的一个基本概念，我们可以从以下几个方面来理解：

1. **定义**：
   质量守恒定律指的是在一个化学反应中，反应物的总质量和生成物的总质量是相等的。换句话说，一个化学反应中的物质不会凭空消失或出现，只是以新的形式和组合出现。
2. **物质的转化**：
   在化学反应中，分子和原子重新排列以形成新的化合物。原子不会在反应中被创造或消失。这就意味着在化学反应开始和结束时，每种类型的原子的数量必须是相同的，质量也就守恒了。
3. **化学方程式的平衡**：
   在书写化学方程式时，你可能已经注意到了方程式的平衡。这实际上就是质量守恒定律的数学表达。一个平衡的化学方程式表示反应物和生成物的原子数量相等。
   例如，水的合成反应可以表示为：
   $H_2 + O_2 \rightarrow 2H_2O$
   在这个反应中，氢和氧的原子数量在反应物和生成物两侧是相等的，所以质量也守恒。
4. **实际应用**：
   质量守恒定律在化学实验和工业生产中都有重要应用。通过确保反应物和生成物的质量平衡，化学工程师和科学家可以计算需要的反应物数量和预期的生成物产量。
5. **存在的限制**：
   需要注意的是，质量守恒定律在常规化学反应中适用，在一些核反应中，能量和质量之间可能会有转换（根据爱因斯坦的质能方程 $E = mc^2$）。不过在初中化学的范围内，你主要关注的是普通的化学反应。

总结一下，质量守恒定律是说在化学反应中，反应前后的总质量不变。这是因为原子不会在反应中被创造或消失，只会重新组合。理解这一点有助于理解化学方程式的平衡，以及如何计算反应的量。希望这可以帮助你理解这个重要的化学概念！如果还有任何问题，我会很乐意进一步解释。

图 2-19　在线答疑

值得一提的是，智能教学助手在在线答疑与辅导方面还具有很好的延展性。随着教育领域的不断创新，智能教学助手能够适应更多类型的学习需求，涵盖更广泛的知识领域，这将进一步丰富在线答疑与辅导的内涵，为学生提供更加丰富多彩的学习体验。

总之，在线答疑与辅导这个话题是轻松愉快的。智能教学助手的出现让在线答疑与辅导变得更加高效、有趣，为我们的学习生活增添了无尽的

魅力。让我们一起欣赏这个美妙的世界，享受知识带来的喜悦，追求更广阔的人生舞台！

2.5.2.3 教学资源生成与推荐

在 21 世纪的教育领域，教学资源的生成与推荐成为教育的重要组成部分。随着科技的快速发展，大量的教学资源涌现出来，给学生们带来了前所未有的学习体验，而在这个过程中，智能教学助手发挥着举足轻重的作用。那么，让我们一起走进这个轻松简单的教学资源生成与推荐的世界，看看它是如何为我们的学习带来更多乐趣的！

智能教学助手可以根据学生的需求，快速生成各种类型的教学资源。这些资源包括课件、习题、实验方案等，涵盖了各个学科领域。通过智能教学助手，学生们可以轻松获取到适合自己的学习材料，不仅提高了他们的学习效率，还让学习变得更加有趣。教学资源生成与推荐的另一个亮点在于个性化。智能教学助手能够深入分析学生的学习习惯、兴趣和需求，为他们推荐最合适的教学资源。这种个性化的推荐方式，不仅能够激发学生的学习热情，还能帮助他们更好地发掘自己的潜力，追求卓越（图 2–20）。

初中化学中怎么制取氧气

在初中化学课程中，有几种常用的制取氧气的方法。以下是其中的一些：

1. **氢氧化钠与氢氧化钾混合溶液与二氧化锰反应**：
   该方法是在实验室中常用的制氧方法。具体步骤如下：
   a) 在烧瓶中放入一些氢氧化钠与氢氧化钾混合溶液。
   b) 加入适量的二氧化锰。
   c) 用加热板加热，使混合物反应。
   d) 通过连接的玻璃管，收集在水中冒出的气泡。这些气泡就是氧气。
2. **电解水**：
   通过电解水也可以制取氧气。具体步骤如下：
   a) 将一些水和少量的电解质（如食盐）混合在电解槽中。
   b) 将两个导电的电极（如铂电极）插入水中。
   c) 连接电源，通过电极向水中通电。
   d) 水分解为氢气和氧气。在阳极处会生成氧气，可以通过合适的装置收集。
3. **化学脱氧剂与氧化剂反应**：
   有些化合物可以通过化学反应释放氧气，例如使用过氧化氢分解。
   a) 将一些浓过氧化氢溶液倒入烧瓶中。
   b) 加入适量的锰（IV）氧化物（MnO2）作为催化剂。
   c) 混合物会反应并释放氧气，通过玻璃管可以收集。

请注意，这些方法涉及化学反应和可能的危险物质，因此必须在教师或有经验的实验人员的指导下进行，并且要确保采取适当的安全措施。氧气本身在高浓度下也可能是危险的，因此需要小心处理。

图 2–20　教学资源生成

智能教学助手在教学资源生成与推荐方面还具有很好的互动性。它可以与学生进行实时的沟通，了解他们的实际需求，为他们提供及时、精准的资源推荐。在这个过程中，学生们不仅能够享受到个性化的学习体验，还能与智能教学助手建立起深厚的友谊，共同成长。智能教学助手在教学资源生成与推荐方面的应用还有助于提高教育质量。借助智能教学助手，教师可以轻松地找到符合课程要求的优质资源，提高课堂教学的实效性。同时，这些资源也能激发学生们的学习兴趣，帮助他们更好地掌握知识，提升学习效果。智能教学助手在教学资源生成与推荐方面的应用还能促进教育公平。优质教学资源的普及使越来越多的学生享受到高质量的教育。这意味着家庭背景和地域差异对学生的影响将会逐渐减弱，每个人都将有机会在平等的环境中成长。智能教学助手在教学资源生成与推荐方面的应用还能促进全球范围内的知识传播与交流。通过智能教学助手，我们可以轻松获取到世界各地的优质教学资源，了解不同文化背景下的知识体系。这不仅有助于提高我们的学术素养，还能为我们的全球视野和跨文化沟通能力的培养奠定基础。智能教学助手在教学资源生成与推荐方面的应用还可以帮助教师和学校更好地管理教学资源。智能教学助手可以对资源进行分类、整理和优化，确保它们能够被有效地利用。这样，教育机构就能够节省资源管理的时间和精力，将更多关注点放在提高教学质量上。智能教学助手在教学资源方面应用生成与推荐还能为教育行业带来更多的创新与发展。智能教学助手的广泛应用将吸引更多的企业和研究机构进入教育领域，为教学资源的生成与推荐提供更多的技术支持，这将有助于推动教育产业的持续发展，为全球教育事业作出更大的贡献。

教学资源生成与推荐这个话题展示了一个轻松简单的世界，智能教学助手在这里发挥着关键作用，其为我们提供了丰富多样的学习资源，让学习变得更加有趣和高效。随着科技的进步，我们有理由相信，教学资源生成与推荐将为教育领域带来更多的创新与突破，让我们的学习之旅更加美好。

2.5.3 教育管理与评估

在教育领域，有效的管理与评估对于提升教育质量至关重要，智能技术在这方面发挥着巨大的潜力，其能够通过学生成绩预测与干预、教学质量评价、课程与教材优化等手段，让教育变得更加高效、科学。下面就让我们一起了解一下这几个方面的内容。

2.5.3.1 学生成绩预测与干预

学生成绩预测与干预在现代教育管理与评估中占据了举足轻重的地位。有了科技和智能系统的加持，教育者可以更深入地洞察学生的学习状况，让教育变得更加精确、有效。下面就让我们一起探索学生成绩预测与干预的奥秘（图 2-21）。

OM　举一个您对学生成绩智能预测与干预的例子

当然，以下是一个学生成绩智能预测与干预的例子。

假设一所中学希望早期识别那些可能在数学科目上遇到困难的学生，以便能够及时提供必要的辅导和支持。

1. 数据收集

首先，学校会收集与学生成绩有关的数据，例如：

- 过去的成绩记录
- 出勤率
- 家庭背景
- 学习习惯和态度
- 在线学习平台上的活跃度和完成作业情况等

2. 数据分析与模型训练

接下来，学校会使用机器学习算法对这些数据进行分析。这可能包括选择合适的特征、处理缺失值、标准化数据等，然后选择合适的模型（例如线性回归、随机森林或神经网络）进行训练。

3. 成绩预测

一旦模型被训练和验证，学校可以将其用于预测学生未来的数学成绩。例如，如果模型预测某个学生下一个学期的数学成绩可能低于及格线，学校就能了解到这个学生可能需要额外的支持。

4. 干预措施

根据预测结果，学校可以采取多种干预措施，例如：

- 为预测成绩较低的学生提供额外的辅导课程
- 与家长沟通，确保他们了解孩子的学习情况和可能需要的支持
- 提供个人化的在线学习资源，让学生能够在自己的节奏下进行学习

结论

通过结合数据分析和教育专家的见解，学校能够更早地识别可能遇到困难的学生，并采取适当的措施来帮助他们。这不仅有助于改善学生的学习体验，还可以提高整体的教育质量。不过，这样的系统必须谨慎实施，确保学生的隐私被妥善保护，避免可能对学生造成的压力和标签化。

图 2-21　智能学习预测与干预

智能系统通过收集学生的学习数据，绘制出他们的学习轨迹，这些数据包括成绩、出勤率、作业完成情况、课堂参与度等各个方面，智能系统会将这些原始数据进行整合、分析，找出学生在学习过程中可能遇到的困难和挑战。智能系统会根据学生的学习轨迹，对他们进行未来学习表现的预测，这个过程采用了复杂的算法和统计模型，以确保预测结果的准确性和可靠性。当然，我们需要记住，预测并不能确定任何事情，预测结果只是为教育者提供一种参考，让他们能够更好地为学生的未来做好准备。

有了学生成绩预测结果，教师就可以制定针对性的教学干预策略。这些策略包括加强课后辅导、调整作业难度、提供个性化学习资源等。教师进行教学干预的目的是帮助学生在关键时刻获得及时的支持，降低他们在学习道路上的挫折感，激发他们的学习热情。在学生成绩预测与干预的过程中，教师与家长的配合也是至关重要的。教师需要与家长建立良好的沟通机制，及时反馈学生的学习状况和预测结果；家长则应该给予孩子鼓励和支持，帮助他们面对挑战，建立自信。

学生成绩预测与干预的实施还能带来一系列的积极影响。首先，学生成绩预测与干预能够提高学生的学习成绩，从而提升整体教育质量；其次，这种方式有助于培养学生的综合素质，为他们的未来发展打下坚实基础；最后，学生成绩预测与干预还能提高教育资源的利用效率，减轻教师的工作负担。

值得一提的是，学生成绩预测与干预并非一劳永逸的解决方案。随着学生的成长与变化，智能系统需要不断地更新学习数据，确保预测结果与学生的实际情况保持一致。此外，教师和家长也需要密切关注学生的反馈，及时调整干预策略，以保证其针对性和有效性。在实践过程中，我们还需要注意学生成绩预测与干预的道德和隐私问题。智能系统在收集学生数据时，应遵循相关法律法规，确保学生的个人隐私不受侵犯。同时，我们要避免因为预测结果而给学生贴上标签，限制他们的发展空间。

随着人工智能和大数据技术的不断发展，学生成绩预测与干预将变得更加精确、智能。教育管理者可以利用这些技术手段，构建更加完善的教育评估体系，实现教育公平。学生成绩预测与干预作为教育管理与评估的重要组成部分，能够通过深度挖掘和分析学生的学习数据，为教师提供具有针对性的教学干预建议，让学生在关键时刻获得及时的帮助。这样的方式让教育变得更加轻松愉快，有助于提高学生的学习成绩和综合素质。我们有理由相信，在科技的推动下，学生成绩预测与干预将成为教育领域的一大亮点，为全球教育事业作出更大的贡献。

2.5.3.2 教学质量评价

教学质量评价在教育管理与评估领域扮演着重要角色，它像一盏指路明灯，为教育工作者照亮前行之路。现如今，在智能技术的助力下，我们能更加全面、精确地评估教学质量，从而推动教育事业的发展。下面，让我们一起探索智能技术如何优化教学质量评价。

首先，智能技术能够对教师的授课效果进行深入评估。通过记录教师的授课内容、讲解方法、互动策略等多方面信息，智能系统可以生成客观的评价报告，为教师提供改进的依据。同时，智能系统还可以根据教师的教学特点和学生的需求，为教师提供个性化的教学资源和建议，从而帮助教师更好地满足学生的学习需求。其次，智能技术可以对学生的学习进度进行实时跟踪。通过分析学生的学习数据，智能系统能够生成学习进度报告，让教师对每位学生的知识掌握程度一目了然。借助这些翔实的数据，教师可以及时调整教学计划，确保学生能够按时完成学习任务，提高学生的学习效果。再次，智能技术还能帮助教师评估课堂氛围。课堂氛围对学生的学习积极性和教师的授课效果具有重要影响，智能系统可以通过分析学生的课堂参与情况、讨论互动等多个维度，为课堂氛围打分。基于这些评估结果，教师可以采取相应的措施，调整课堂氛围，让学生更愿意参与学习，从而提高课堂效果。

第四，借助智能技术客观、细致的评估数据，教育机构能够更好地了解教学现状，为提升教学质量制定具有针对性的策略。例如，学校可以根据智能系统的评价结果，调整课程设置、优化教学资源分配、加强师资培训等。同时，教育管理者也可以通过数据分析发现潜在的教育问题，提前制定解决方案，从而确保教学质量得到持续改进。第五，智能技术还可以促进教师之间的合作与交流。教师们可以通过共享教学质量评价结果，了解彼此的优点和不足，互相学习和借鉴。这种合作方式将有助于激发教师的教学热情，提高教育教学的整体水平。

值得注意的是，我们在利用智能技术进行教学质量评价时，应确保数据的可靠性和安全性。教育机构需要对数据采集、存储和使用过程中的隐私保护进行严格把关，以防学生和教师的个人信息泄露。同时，我们还需警惕因过分依赖数据和技术，而忽略人文关怀和教育内涵的问题。在教育评价过程中，人与技术的和谐发展才是我们真正追求的目标。

回顾整个教学质量评价过程，智能技术为我们提供了前所未有的便利。从教师授课效果的评估、学生学习进度的跟踪，到课堂氛围的优化，智能技术的应用无疑为提高教学质量带来了极大的可能性。我们有理由相信，在未来，智能技术将在教育领域发挥更大的作用，为教育管理与评估注入新的活力，为提高教学质量贡献更多的力量。让我们在轻松愉快的氛围中，欣赏智能技术给教学质量评价带来的革新之美。在这个变革之旅中，我们将共同见证教育事业的繁荣和进步；在这个充满希望的时代，让我们携手前行，共创美好未来。

2.5.3.3 课程与教材优化

教育界中，课程与教材优化一直是个热门话题，伴随着人工智能技术的发展，越来越多的教育机构开始将其应用于课程和教材的优化，为学生提供更好的学习体验。

利用人工智能技术，智能系统可以根据学生的学习需求和能力水平，自动调整课程内容、结构和难度，实现个性化教学。通过对学生的学习数据进行深度挖掘和分析，智能系统可以预测学生在未来的学习表现，为教师提供具有针对性的教学干预建议，帮助学生在关键时刻获得及时的帮助，从而提高他们的学习成绩和综合素质。此外，智能技术还可以协助教师优化课程，为学生提供更加精准、高效的学习资源。

利用人工智能技术，智能系统可以根据学科领域、学生的学习进度和学习需求等多方面因素，提炼关键知识点和难点，为学生提供精准的学习资源。同时，智能技术还可以分析学生对教材的反馈和意见，为教师提供修改和完善教材的建议。教师可以根据学生的学习数据和反馈信息，对教材进行精细化调整和更新，更好地满足学生的学习需求。

智能技术还可以通过大数据和机器学习技术，分析学生在学习过程中的行为和反应，帮助教师更好地理解学生的学习状态和需求，从而更好地制定教学策略和课程规划。借助智能技术提供的数据和信息，教师可以更加准确地判断学生的学习水平和进度，帮助学生更好地掌握知识点。

要实现课程和教材的优化，并不是靠人工智能技术就能够完成的。教师仍然是教育的核心，他们需要根据学生的学习需求和特点，结合人工智能技术提供的数据和信息，制订更加科学、合理的教学计划和教学策略，帮助学生更好地掌握知识点，提高学习效果和成绩（图 2-22）。

对初中化学实验气密性检测进行一下优化

气密性检测是在许多化学实验中确保安全和实验准确性的关键步骤。在初中化学实验室环境中，气密性检测的优化可以提高实验的效率和安全性。以下是一些可能的优化措施：

1. **检测设备的选择与升级**：
   - 使用敏感且适合学生操作的检测设备。
   - 选择能够精确检测不同气体泄漏的设备。
2. **实验过程的标准化**：
   - 建立标准操作流程，确保每次实验前都进行气密性检测。
   - 增加适当的培训和指导，使学生了解气密性的重要性，并能够正确执行检测程序。
3. **增强教师和学生之间的沟通**：
   - 教师应密切监控学生的实验进程，确保他们遵循气密性检测的流程。
   - 学生应被鼓励在发现可能的气密问题时及时报告。
4. **提高检测灵敏度和准确性**：
   - 通过使用高质量的密封材料和组件来提高检测的准确性。
   - 可以使用肥皂水等简单方法来观察气体泄漏。
5. **定期维护和检查**：
   - 定期检查和维护所有与气密性检测有关的设备和工具，确保它们始终处于良好工作状态。
   - 定期检查实验室的整体气密性，包括风扇、排气系统等。
6. **安全措施的强化**：
   - 对于涉及易燃、有毒或腐蚀气体的实验，采取特别的防护措施。
   - 配备适当的安全装备，例如防护眼镜、手套等。
7. **实时监控和自动化控制的引入（如果可能）**：
   - 如果条件允许，可以考虑引入自动化控制系统和传感器，以实时监控气密状态。
8. **文档和记录**：
   - 对气密性检测的每个步骤进行详细记录，便于追踪和未来参考。
9. **环境因素的控制**：
   - 控制实验室内的温度、湿度等环境因素，以确保它们不会影响气密性的准确检测。

通过这些优化措施，可以在初中化学实验中提高气密性检测的精确度和效率，同时确保学生和教师的安全。

图 2-22　课程与教材优化

课程与教材的优化是一个复杂的过程，需要教师和人工智能技术共同发挥作用。借助人工智能技术提供的数据和信息，教师可以更加准确地了解学生的学习需求和特点，从而制订更加个性化和科学的教学计划和课程规划，提高教学效果和教育质量。同时，教师还需要在不断探索和实践的基础上，为学生提供更加多样化、更加丰富的学习体验，助力学生成长成才。

2.6　游戏设计与互动

游戏设计与互动是游戏开发中的重要组成部分。随着人工智能技术的发展，游戏中的角色和 NPC 也变得越来越智能化和逼真化，使得游戏体验更加丰富多彩。同时，智能技术还可以协助游戏开发者进行游戏测试与优化，提高游戏质量和用户满意度。

2.6.1 游戏剧本生成

游戏剧本生成（图 2–23）是游戏设计中的重要环节，它涉及游戏的故事情节、任务与关卡设计、人物对话与互动等方面。借助人工智能技术，游戏开发者可以更加便捷地生成游戏剧本，提高游戏开发效率。

图 2–23　科幻城市游戏剧本生成

在游戏剧本生成过程中，人工智能技术可以帮助开发者快速生成故事情节，并根据游戏类型、游戏主题等因素进行相应的调整和优化。此外，人工智能技术还可以协助开发者设计任务和关卡，制定任务目标和奖励规则，从而使游戏更加有趣和富有挑战性。人物对话和互动也是游戏剧本生成的重要组成部分，借助人工智能技术，开发者可以快速生成人物对话内容，使得游戏角色更加逼真、有趣。此外，人工智能技术还可以协助开发者设计人物互动模式，使游戏角色之间的交互更加自然流畅（图 2-24）。

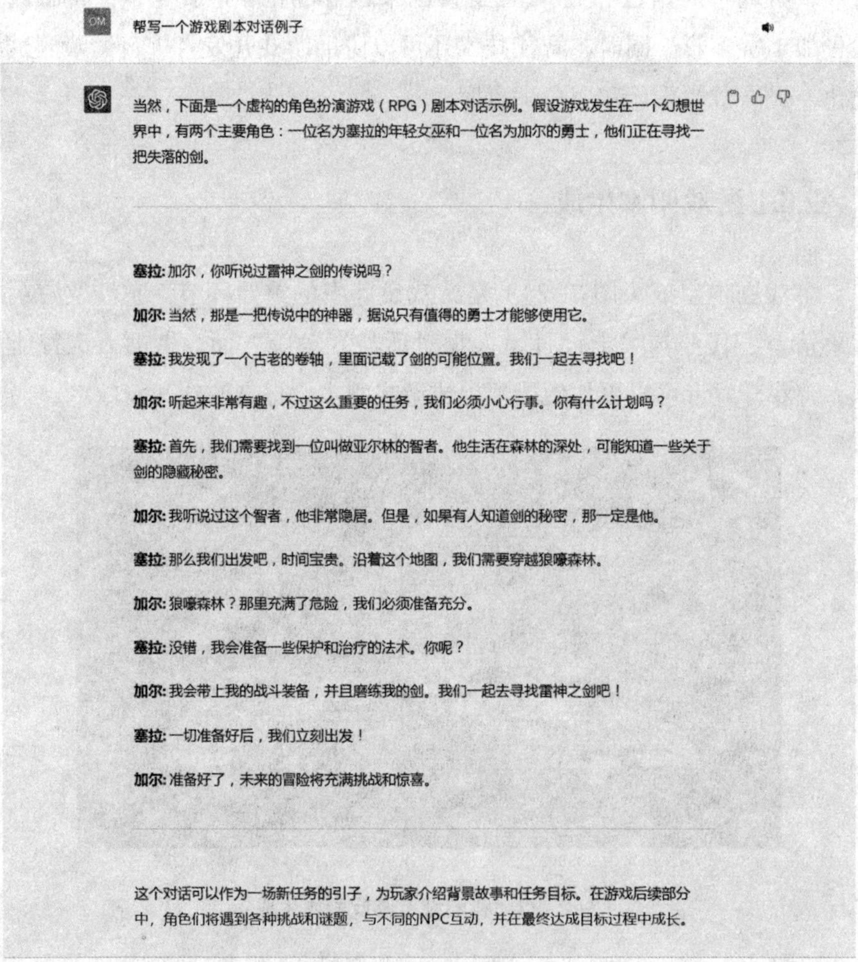

图 2-24　游戏剧本对话生成

游戏剧本生成是游戏设计中的重要环节，借助人工智能技术，游戏开发者可以更加便捷、高效地生成游戏剧本，提高游戏开发效率和游戏质量。

2.6.1.1 故事情节创作

故事情节创作（图 2–25）是游戏剧本生成中的重要环节。借助人工智能技术，游戏开发者可以更加便捷地生成故事情节，并根据游戏类型、游戏主题等因素进行相应的调整和优化，使故事情节更加跌宕起伏。

人工智能技术可以帮助开发者生成各种不同类型的游戏故事情节，如动作、冒险、解谜等，同时还可以提供不同难度的关卡设计。此外，人工智能技术还可以协助开发者生成各种不同的故事结局，使得游戏更加有趣、富有变化。在故事情节创作中，人工智能技术可以根据玩家的游戏习惯和反馈，自动调整游戏故事情节的难度。这种方式可以使得游戏更加具有趣味性和互动性，让玩家更加投入其中，提高游戏的可玩性和用户满意度。

OM 生成一个冒险故事情节

当然，以下是一个冒险故事情节：

标题：失落的龙王宝藏

背景：
在一个遥远的古代王国，流传着一则关于失落的龙王宝藏的神秘传说。传说中，一条古老的龙王守护着一座充满黄金和宝石的山洞。凡是试图接近宝藏的人都会遭到龙王的毁灭性打击。而据说只有持有三件神秘法器的人才能平安地进入山洞。

主人公：
李昊，一个年轻而充满好奇心的冒险家，他的父亲就是在寻找失落的龙王宝藏时神秘失踪的。李昊决心揭开父亲失踪的秘密，并找到那传说中的宝藏。

情节梗概：

1. **寻找线索**：李昊找到了父亲留下的一本笔记，记录了三件法器的可能所在地。他决定踏上寻找它们的冒险旅程。
2. **三件法器的寻找**：
   - **第一件法器：智者之杖。**位于一个被诅咒的森林中，只有解开森林中心古老石碑上的谜题，才能获得。
   - **第二件法器：勇者之盾。**藏在海底迷宫中，必须战胜危险的海怪并通过复杂的迷宫才能找到。
   - **第三件法器：信仰之剑。**位于一座雪山的山顶，只有通过与恶劣天气和凶猛野兽的抗争，才能到达。
3. **发现真相**：找到三件法器后，李昊终于来到了龙王山洞前。他发现了父亲的遗骸和一封遗书，揭示了父亲失踪的真相和宝藏的神秘力量。
4. **决战龙王**：龙王的觉醒，李昊必须运用三件法器的力量与龙王展开一场生死决斗。
5. **宝藏的选择**：战胜龙王后，李昊面对满目的黄金和宝石，最终选择将宝藏留在山洞，并用其力量恢复被龙王毁灭的土地。
6. **归家**：李昊带着父亲的遗物和成长后的智慧返回家乡，成为了一个受人尊敬的英雄，他的冒险故事也成为了后人传颂的佳话。

这个故事融合了神秘、冒险和人物成长等元素，可以根据需要进一步细化和拓展。

图 2-25　故事情节创作

2.6.1.2 任务与关卡设计

任务与关卡设计是游戏剧本生成中不可或缺的环节，这些任务和关卡可以帮助玩家深入了解游戏世界、提高游戏技能并体验游戏乐趣。在过去，这些任务和关卡通常由开发人员手动设计和制作，需要耗费大量的时间和精力。但是，随着人工智能技术在游戏领域的应用，任务和关卡的设计过程可以更加自动化和高效化。

首先，人工智能技术可以帮助游戏开发者快速生成各种不同类型的任务和关卡，从而使得游戏更加有趣、富有变化和挑战性。例如，人工智能技术可以根据玩家的游戏数据和反馈，自动调整任务和关卡的难度及挑战性，使得玩家能够更好地享受游戏过程，并在完成任务和关卡的同时提高自己的技能水平。

其次，人工智能技术还可以为开发者提供各种不同类型的任务和关卡设计模板，从而让他们更加快速地生成任务和关卡。这些模板包括各种不同类型的关卡、障碍和怪物等，借助这些模板，开发者可以更加高效地创建任务和关卡，并为游戏增加更多有趣的元素。

再次，人工智能技术还可以自动生成任务和关卡，从而减少开发人员的工作量，提高游戏开发效率。这种自动生成的任务和关卡可以根据玩家的游戏习惯和喜好进行调整和优化，使得游戏更加适合玩家，提高游戏的可玩性和用户满意度。

最后，在任务和关卡的设计中，人工智能技术还可以协助开发者制定任务目标和奖励规则，使得游戏更具吸引力和挑战性。例如，人工智能技术可以自动根据任务难度设定任务目标和奖励规则，从而让玩家在完成任务和关卡时获得更好的游戏体验。

任务与关卡设计是游戏剧本生成中的重要环节，人工智能技术可以帮助开发者更加便捷、高效地生成任务和关卡，提高游戏的可玩性和用户满意度。同时，智能技术还可以自动调整游戏难度和挑战性，让玩家更加享受游戏过程，并提高自己的游戏技能。在未来，随着人工智能技术的不断发展和普及，我们可以拥有更加精彩、有趣的游戏体验。

2.6.1.3 人物对话与互动

在游戏中，人物对话与互动是非常重要的元素，可以让玩家更好地了解游戏的背景故事、任务要求，以及各种角色之间的关系。人工智能技术在人物对话与互动方面的应用也是相当广泛的（图 2-26）。

首先，人工智能可以根据玩家的行为和对话历史，分析玩家的兴趣和喜好，从而为玩家提供更加个性化的对话和互动。例如，如果玩家在游戏中经常选择同一个角色，人工智能就可以根据这个信息，向玩家推荐类似的角色和对话内容，丰富玩家的游戏体验。

其次，人工智能可以根据玩家的行为和对话历史，推断玩家的情绪和情感状态，并有针对性地调整角色的情感模型和对话内容。例如，如果玩家在游戏中表现出愤怒或厌烦的情绪，人工智能就可以调整角色的情感表现和对话内容，缓解玩家的负面情绪。

最后，人工智能还可以为角色设计更加逼真、自然的对话和互动方式。通过深度学习等技术，人工智能可以模拟人类的语言和行为模式，让角色表现得更加真实、生动，这可以增强玩家的代入感，提高游戏的沉浸度和体验感。

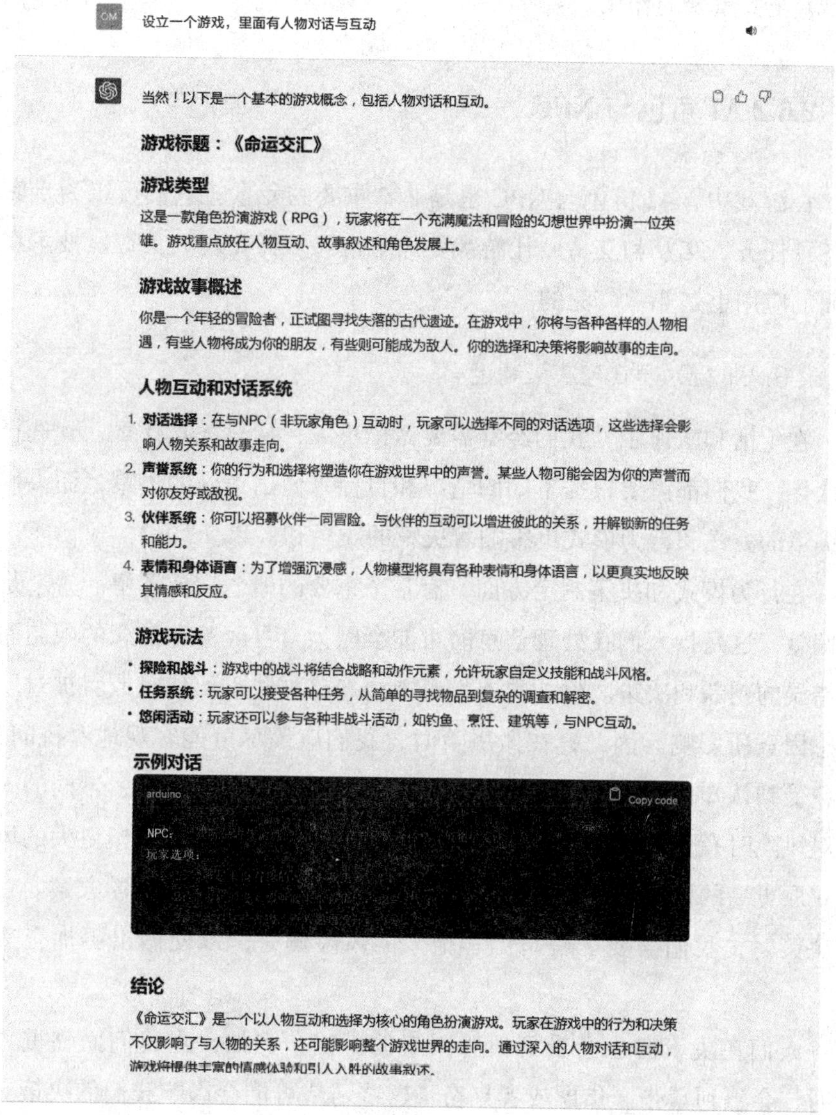

设立一个游戏，里面有人物对话与互动

当然！以下是一个基本的游戏概念，包括人物对话和互动。

游戏标题：《命运交汇》

游戏类型

这是一款角色扮演游戏（RPG），玩家将在一个充满魔法和冒险的幻想世界中扮演一位英雄。游戏重点放在人物互动、故事叙述和角色发展上。

游戏故事概述

你是一个年轻的冒险者，正试图寻找失落的古代遗迹。在游戏中，你将与各种各样的人物相遇，有些人物将成为你的朋友，有些则可能成为敌人。你的选择和决策将影响故事的走向。

人物互动和对话系统

1. **对话选择**：在与NPC（非玩家角色）互动时，玩家可以选择不同的对话选项，这些选择会影响人物关系和故事走向。
2. **声誉系统**：你的行为和选择将塑造你在游戏世界中的声誉。某些人物可能会因为你的声誉而对你友好或敌视。
3. **伙伴系统**：你可以招募伙伴一同冒险。与伙伴的互动可以增进彼此的关系，并解锁新的任务和能力。
4. **表情和身体语言**：为了增强沉浸感，人物模型将具有各种表情和身体语言，以更真实地反映其情感和反应。

游戏玩法

- **探险和战斗**：游戏中的战斗将结合战略和动作元素，允许玩家自定义技能和战斗风格。
- **任务系统**：玩家可以接受各种任务，从简单的寻找物品到复杂的调查和解密。
- **悠闲活动**：玩家还可以参与各种非战斗活动，如钓鱼、烹饪、建筑等，与NPC互动。

示例对话

```arduino
NPC：
玩家选项：
```

结论

《命运交汇》是一个以人物互动和选择为核心的角色扮演游戏。玩家在游戏中的行为和决策不仅影响了与人物的关系，还可能影响整个游戏世界的走向。通过深入的人物对话和互动，游戏将提供丰富的情感体验和引人入胜的故事叙述。

图 2-26　在游戏中设立一个人物对话与互动

人物对话与互动是游戏设计中的重要环节，人工智能技术在游戏领域中的应用可以让角色更加自然、逼真，让玩家更加投入，这对于游戏的成功起着至关重要的作用。

2.6.2 AI 角色与 NPC

在游戏中，AI 角色与 NPC 也是非常重要的元素。它们可以为玩家提供各种任务、交互和支持，让游戏更加丰富和多样化。人工智能技术在这方面的应用也是非常广泛的。

2.6.2.1 行为模式与决策制定

在生活和工作中，我们经常需要做出决策，从早餐吃什么，到选择合作伙伴，我们都需要根据不同的情况和目标来做出正确的决策，而人们做出决策的方式和行为模式也影响着决策的质量和效果。

在行为模式和决策制定方面，有几个重要的概念需要了解。一个是认知偏差，这是指人们在处理信息时可能会因为自身经验和信念的限制而产生错误的判断和决策。例如，人们可能会忽略某些重要信息或者被过度的情感因素所影响。因此，在做决策时，我们应该尽可能客观地看待问题，避免受到认知偏差的干扰。另外一个重要的概念是风险偏好，不同的人在面对风险时有不同的偏好和态度。有些人喜欢冒险，愿意承担更大的风险以获取更高的回报；而有些人则更加谨慎，更愿意选择稳健的方案。在制定决策时，我们需要了解自己和他人的风险偏好，以便做出更加合适的决策。

人们在决策时也会受到情感因素的影响。例如，当我们面临重大决策时，会感到紧张、焦虑或者兴奋，这些情绪可能会影响我们的决策。因此，在制定决策时，我们需要保持冷静、理智，尽可能避免情感因素的干扰。决策制定也需要考虑到长远利益，有时候，为了追求短期利益，我们会做出损害长远利益或者整体利益的决策，这是不可取的。因此，在制定决策时，我们需要全方面考虑，尽可能做出对全局最有益的决策。在行为模式和决策制定方面，我们需要注意以下几点。

（1）避免认知偏差的影响，尽可能客观地看待问题。

（2）了解自己和他人的风险偏好，以便做出更加适合的决策。

（3）保持冷静、理智，尽可能避免情感因素的干扰。

（4）考虑到长远利益和全局效应，尽可能做出对全局利益最有益的决策。

还有一些行为模式和决策制定的方法可以帮助我们做出更好的决策。其中，SWOT 分析是一种常用的决策制定工具，它可以帮助我们评估自身和外部环境的优势、劣势、机会和威胁，以便在制定决策时做出更加客观、全面的评估。多角度思考和多方面考虑也是制定正确决策的关键。在决策制定时，我们应该从不同的角度、不同的方面去思考问题，这样可以帮助我们更全面地了解问题本质，从而更好地制定出相应的决策。决策制定不仅仅是个人的问题，也需要考虑到团队和组织的利益。在团队和组织中，决策制定需要考虑到所有成员的利益和意见，以便做出更加全面和公正的决策。因此，在制定决策时，我们应该积极倾听他人的意见，尽可能地建立团队和组织内部的合作和信任。

2.6.2.2 情感模型与交互

随着人工智能技术的发展，情感模型与交互成为研究的热点之一。情感模型可以帮助计算机识别和表达情感，而交互则是指人与计算机之间的交流方式。这些技术的应用，可以使得计算机与人类之间的交互更加自然、高效、人性化。

在情感模型方面，有两种常见的方法，一种是基于情感词典的方法，另一种是基于机器学习的方法。基于情感词典的方法是指通过构建一系列情感词汇表，来对文本中的情感进行分类。这种方法的优点在于简单易懂，适用范围广；缺点则是词典的准确性和完备性会影响分类的效果。基于机器学习的方法则是指计算机通过对已有的情感数据进行学习，构建情感分类模型。这种方法可以根据不同的场景和任务进行优化，效果更加准确，但是，其需要大量的数据和计算资源来进行训练和优化。无论采用哪种方法，情感模型的应用都可以使得计算机在交互中更加准确地理解和表达人类的情感，从而实现更加自然、流畅的交互方式。

在交互方面，人们对于计算机的期望已经从简单的命令式交互逐渐向更加自然、人性化的交互方式转变。例如，自然语言交互、手势交互、情感交互等，都是人们对于计算机交互方式提出的新需求。自然语言交互是指人们使用自然语言与计算机进行交互，如语音识别和自然语言理解等技术的应用，可以使得人们更加方便地与计算机交互；手势交互则是指通过人的手势来控制计算机，如触摸屏、手势识别等技术的应用，可以实现更加直观、高效的交互方式；情感交互则是指人们通过情感表达来与计算机进行交互，如情感识别和情感生成等技术的应用，可以使得交互更加贴近人类的真实需求和情感。人们对于交互的期望还在不断地发展和变化，如智能家居、虚拟现实、增强现实等技术的应用，都在不断地拓展着人与计算机之间的交互领域。

情感模型与交互技术的发展为人与计算机之间的交互提供了更加广阔的发展空间。情感模型可以帮助计算机更好地理解人类的情感，实现更加自然、流畅的交互方式。而交互技术的发展也为人们提供了更加多样化、更加高效的交互方式，使得人们的生活更加方便、智能化。情感模型与交互技术的发展也面临着一些挑战和问题。首先，情感的表达和理解是一个相对复杂的过程，如何运用情感模型与交互技术准确地表达和理解情感仍然是一个难题；其次，交互技术的应用需要考虑人类的行为习惯、文化背景等因素，以便实现更好的用户体验；最后，随着人工智能技术的发展，个人信息保护和数据隐私也成为一个重要的问题，需要在技术发展的过程中加以解决。在情感模型与交互技术的发展中，我们需要积极探索和创新，不断解决面临的挑战和问题。同时，我们也需要更加注重个人信息保护和数据隐私的问题，确保技术的应用不会损害我们的利益和权益。

2.6.2.3 逼真的游戏体验

逼真的游戏体验是当前游戏行业的一个热门话题，它是指游戏中的场景、角色、物品等能够逼真地模拟现实世界，并给玩家带来一种身临其境的感觉。随着游戏技术的不断发展，逼真的游戏体验已经成为游戏开发和运营的一个重要目标和方向。

在实现逼真的游戏体验方面，游戏开发者需要考虑多个方面。首先，游戏的图形和视觉效果需要更加逼真。这需要借助先进的图形处理技术，如实时光线追踪、物理引擎等来实现，这些技术可以使得游戏中的场景、角色、物品等更加真实，给玩家带来更加身临其境的感觉。其次，游戏中的声音和音效也是实现逼真游戏体验的重要因素之一。通过先进的声音处理技术和音效设计，游戏可以在声音方面更加真实，如真实的环境音效、角色语音和音乐等，可以使得玩家更加沉浸在游戏世界中。最后，游戏中的交互方式和控制方式也是实现逼真游戏体验的重要因素之一。通过先进的手柄、手套等设备，玩家可以更加自然、直观地控制游戏中的角色和物品，与游戏进行更加深度的交互。此外，虚拟现实技术的应用也为实现逼真游戏体验提供了更加广阔的发展空间。

实现逼真的游戏体验是游戏开发者需要考虑的重要问题。通过图形和视觉效果、声音和音效、交互和控制方式等多个方面的技术和设计，游戏可以更加逼真地模拟现实世界，并给玩家带来一种身临其境的感觉。实现逼真的游戏体验也面临着一些挑战和问题。首先，逼真的游戏体验需要高质量的图形、声音和交互设备等技术支持，需要投入大量的资金和人力；其次，逼真的游戏体验需要计算机具备更高的硬件配置和性能，一些设备性能不足的用户可能无法享受到完整的游戏体验；最后，逼真的游戏体验也需要考虑用户的个人偏好和文化背景等因素，以便实现更好的用户体验。在实现逼真游戏体验的过程中，游戏开发者需要注意以下几点。首先，需要根据目标用户群体的特点和需求来确定适合的逼真游戏体验技术和设计；其次，需要充分考虑硬件配置和性能等因素，为用户提供足够的设备和资源支持；最后，还需要注重用户个人信息保护和数据隐私等问题，确保技术在游戏中的应用不会对用户的利益和权益产生负面影响。

实现逼真的游戏体验是游戏行业的一个重要目标和方向。借助先进的技术，游戏可以更加真实地模拟现实世界，给玩家带来更加高质量的游戏体验。然而，实现逼真的游戏体验也需要考虑到多个方面的问题，需要游戏开发者在技术和设计上不断创新和探索，为用户提供更加优质的游戏体验。

2.6.3 游戏测试与优化

游戏测试与优化是游戏开发过程中非常重要的一环，它可以帮助开发者在游戏发布前发现并解决问题，提高游戏品质和用户体验。在游戏测试与优化中，自动游戏测试与 Bug 发现、玩家行为分析与优化建议、游戏平衡与难度调整等技术和方法被广泛应用。

2.6.3.1 自动游戏测试与 Bug 发现

自动游戏测试与 Bug 发现是一种通过软件工程技术和自动化测试工具对游戏进行全面、准确的测试和评估，以便发现和解决游戏中的缺陷和 Bug 的方法。这种方法可以大大提高游戏的测试效率和准确性，减少人工测试的成本和时间。自动化测试工具可以模拟玩家的行为，测试游戏的各个方面，包括游戏的声效、场景、功能等。通过自动化测试，开发者可以及时发现和解决游戏中的问题，提高游戏品质和用户体验。

2.6.3.2 玩家行为分析与优化建议

玩家行为分析与优化建议是指游戏开发者通过收集和分析游戏玩家的行为数据，为游戏优化提供建议和参考的方法。这种方法可以帮助开发者了解玩家的行为和偏好，优化游戏设计和内容，提高游戏的吸引力和用户满意度。通过收集和分析玩家的行为数据，开发者可以了解玩家喜好和痛点，优化游戏内容，增加游戏的可玩性和挑战性。同时，开发者还可以根据玩家的反馈和建议，优化游戏的功能和操作，提高用户体验。

2.6.3.3 游戏平衡与难度调整

游戏平衡与难度调整是指游戏开发者通过调整游戏中的各个要素，使得游戏更加平衡和具有挑战性，这需要开发者了解玩家的反馈和游戏数据，调整游戏中的元素，以实现游戏的平衡和挑战性。例如，开发者通过调整游戏中的怪物血量和攻击力，调整游戏中的经验和金币掉落等，可以使得游戏更加有趣。此外，开发者还可以通过动态难度调整和自适应游戏难度等方法，根据玩家的能力和水平，动态地调整游戏难度，使得游戏更加公平。

游戏测试与优化也面临着一些挑战和问题。首先，游戏测试与优化需要耗费大量的时间和资源，需要投入足够的人力和资金；其次，游戏测试与优化需要考虑到玩家的个人喜好和文化背景等因素，以便实现更好的用户体验；最后，游戏测试与优化也需要注重用户信息保护和数据隐私等问题，确保游戏的应用不会对用户的利益和权益产生负面影响。在游戏测试与优化的过程中，我们需要注重以下几点。首先，开发者需要根据目标用户群体的特点和需求来制定测试和优化策略，确保测试和优化的准确性和效率；其次，开发者需要借助先进的技术和方法，如自动化测试工具、数据分析技术等，提高测试和优化的效率和准确性。

游戏测试与优化是游戏开发过程中不可或缺的一环。游戏开发者通过使用自动游戏测试与 Bug 发现、玩家行为分析与优化建议、游戏平衡与难度调整等技术和方法，可以帮助开发者提高游戏品质和用户体验。然而，游戏测试与优化也需要注意多个方面的问题和挑战，需要开发者在技术和设计上不断创新和探索，只有这样才能为用户提供更加优质的游戏体验。

2.7 个性化推荐

个性化推荐是指基于用户的历史行为和偏好，为用户推荐符合其个性化需求的产品或服务，随着互联网技术的快速发展，个性化推荐成为各大平台和应用程序重要的一环。推荐算法的发展经历了基于内容的推荐、协同过滤、深度学习与自然语言处理等多个阶段。目前，ChatGPT 等大型 AI 模型也被广泛应用于推荐系统，通过用户画像分析、语义理解与推荐、多模态信息融合等技术，为用户提供更加准确、个性化的推荐服务。然而，个性化推荐也面临着社交媒体与新闻推荐、电商与广告推荐、隐私保护与道德伦理等多个挑战和问题，需要借助技术和法律手段来解决。

2.7.1 推荐算法的发展

随着互联网技术的快速发展，个性化推荐已成为各大平台和应用程序的重要功能之一。为了实现更加准确和个性化的推荐服务，推荐算法的发展经历了从基于内容的推荐、协同过滤，到深度学习与自然语言处理等多个阶段。

2.7.1.1 基于内容的推荐算法

基于内容的推荐算法是一种非常有效的推荐系统算法，这种方法的核心理念是根据用户过去的行为和偏好，以及物品的相关属性来进行推荐。这种方法的主要优势在于，它允许我们对物品进行深入的理解，从而更准确地预测用户可能喜欢哪种类型的物品。基于内容的推荐算法使用广泛，从电影推荐系统到电子商务平台，甚至是新闻推送等各种场景都能见到它的身影。通常情况下，物品的属性会被用来创建一个物品表示，这些属性可能包括电影的类型、导演、主演、电影的发布年份等。例如，如果我们正在构建一个电影推荐系统，我们可能会使用电影的类型（如动作、喜剧、恐怖等）、电影的导演、主演，以及电影的发布年份作为属性。这样的表示有利于我们捕获电影的各种重要特征，并将这些特征用于后续的推荐过程。在获得了物品表示之后，我们需要对用户的兴趣进行建模。用户的兴趣模型通常是基于用户的历史行为和反馈来建立的。例如，如果一个用户在过去的行为中表现出对恐怖电影的偏好，那么我们可以认为这个用户可能对恐怖电影的推荐感兴趣。同样，如果一个用户经常购买某个品牌的产品，那么我们能够推断出这个用户对该品牌的其他产品也可能感兴趣。

当我们有了物品表示和用户兴趣模型之后，我们就可以开始进行推荐了。通常，基于内容的推荐系统会计算用户兴趣模型和每个物品表示之间的相似度，然后将相似度最高的物品推荐给用户。相似度的计算方法有多种，常见的有余弦相似度、欧氏距离等。

基于内容的推荐算法可以处理新物品的问题。当出现新的物品时，只要我们有关于这个新物品的属性信息，就可以将其纳入推荐系统。另外，基于内容的推荐算法可以提供推荐解释，因为推荐是基于物品的属性和用户的兴趣模型进行的，所以我们可以解释为什么会向用户推荐这个物品，它需要我们对物品的属性有充分的了解。在某些情况下，收集物品的属性信息可能非常困难或昂贵。以一部电影为例，我们可以很容易地获取其类型、导演和主演等信息，但是对于一些复杂的数据，提取其有意义的特征可能需要专业知识。基于内容的推荐算法依赖用户的历史行为，这可能会导致推荐结果缺乏多样性。例如，如果一个用户只观看过喜剧电影，那么基于内容的推荐算法可能会一直向其推荐喜剧电影，这可能会导致用户错过其他类型的精彩内容。为了解决这个问题，研究人员和工程师通常会将基于内容的推荐算法与其他类型的推荐算法结合起来，以实现更丰富和多样化的推荐结果（图 2-27）。

为了获得高质量的推荐结果，基于内容的推荐系统需要对用户兴趣进行准确的建模。然而，在实际应用中，用户的兴趣可能会随着时间的推移而发生变化，这就需要推荐系统能够实时地捕捉到这些变化，这可能需要设计更加复杂的用户兴趣建模方法，以便实现对用户兴趣变化的跟踪。

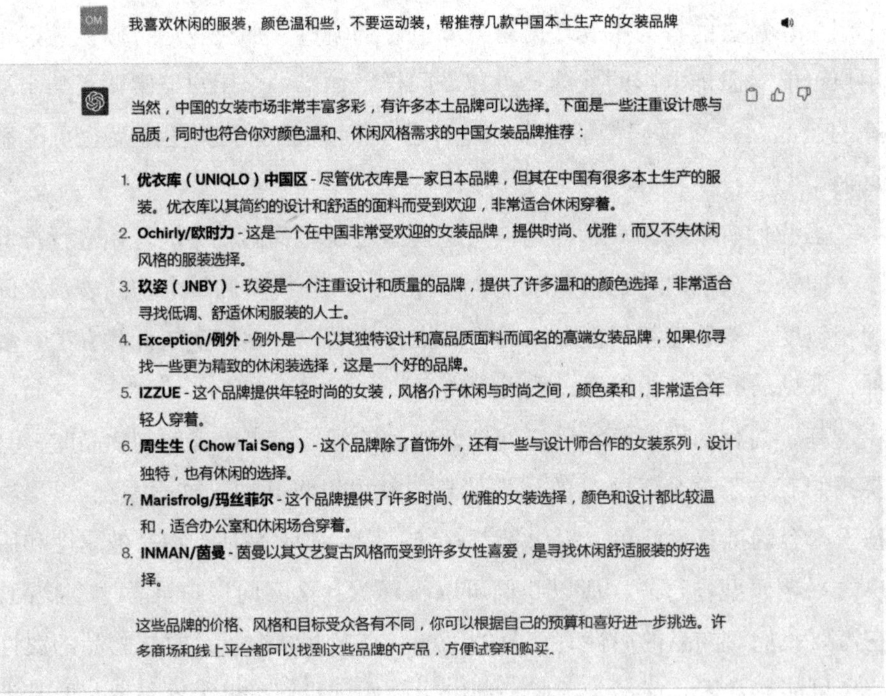

图 2-27　个性化推荐

未来，随着技术的进步，我们相信基于内容的推荐算法将变得更加智能和高效。例如，随着深度学习技术的发展，我们可能会看到更多基于深度学习的物品表示方法，这将使得推荐系统能够更好地理解物品的属性和特征。此外，随着用户行为数据的积累，我们也将能够更好地理解用户的兴趣和需求，从而为他们提供更加精准和个性化的推荐服务。基于内容的推荐算法是一种重要的推荐系统方法，它可以帮助我们更好地理解用户的需求，使我们为用户提供更加精准和个性化的服务。虽然这种方法存在一些限制，但是随着技术的发展，我们有理由相信基于内容的推荐算法将在未来发挥更大的作用。

2.7.1.2 协同过滤

协同过滤算法是推荐系统中另一种常见的算法形式，其核心思想是基于用户行为和兴趣的相似性，为用户推荐其他用户感兴趣的物品。协同过滤算法通过利用用户行为和评分数据，计算出用户之间的相似度，进而为用户推荐喜欢的物品。相较于基于内容的推荐算法，协同过滤算法可以向用户推荐更加多样化和新颖的内容。具体来说，协同过滤算法可以分为两种类型：基于用户的协同过滤和基于物品的协同过滤。基于用户的协同过滤算法是通过计算用户之间的相似度，为用户推荐与其搜索过的物品相似度较高的、用户所喜欢的物品；而基于物品的协同过滤算法是通过计算物品之间的相似度，为用户推荐与其历史行为相似的物品。

尽管协同过滤算法可以为用户推荐更加多样化的内容，但是该算法也存在一些问题和挑战。首先，协同过滤算法容易受到数据稀疏性和数据噪声的影响，从而导致推荐结果不准确；其次，在冷启动问题上，协同过滤算法的表现也不如基于内容的推荐算法，即当一个新用户或新物品加入时，其推荐结果可能存在不准确的情况；最后，协同过滤算法也存在推荐热点的问题，即当某个物品或者某个用户的热度非常高时，其推荐结果可能存在偏差。为了解决协同过滤算法的这些问题，研究人员提出了一系列改进和优化方法。例如，引入领域知识，采用深度学习和自然语言处理等技术，进一步提高协同过滤算法的准确性和泛化性。同时，通过加权和混合推荐等方法，解决推荐热点和长尾问题，提高推荐结果的多样性和新颖性。

协同过滤算法作为推荐系统中的常见算法之一，具有很高的应用价值，尽管该算法存在一些问题和挑战，但是通过不断地优化和创新，协同过滤算法仍然可以为用户提供更加多样化和新颖的推荐服务。在实际应用中，我们需要根据不同的场景和需求，选择合适的协同过滤推荐算法和技术手段，进一步提高推荐系统的准确性、多样性和用户体验。

2.7.1.3 深度学习与自然语言处理

随着深度学习技术的逐渐发展，深度学习与自然语言处理逐渐成为推荐算法发展的新趋势。深度学习可以通过训练神经网络来建立推荐模型，利用大量的数据和自然语言处理技术，提高推荐算法的准确性和泛化性。例如，利用深度学习和自然语言处理技术对用户的搜索历史和评论进行分析，可以提高推荐算法的效果和用户满意度。此外，深度学习还可以通过对推荐模型的不断调整和优化，不断提高推荐算法的准确性。

深度学习方法能够更好地理解用户和物品的复杂性。例如，通过用户过去的行为数据，深度学习模型能够自动提取用户的隐含兴趣。同时，深度学习模型也能够处理物品的内容信息，如文本、图像和音频等。在深度学习模型中，比较常用的有多层感知机（MLP）、卷积神经网络（CNN）和循环神经网络（RNN）。MLP 通常用于学习用户和物品的交互，CNN 主要用于处理物品的图像信息，RNN 常常用于处理序列化的用户行为数据。最近，注意力机制（Attention Mechanism）也被引入推荐系统中，用于处理用户的长期和短期兴趣。

自然语言处理（NLP）在推荐系统中的主要应用是理解物品的文本信

息。例如，一个电影的推荐系统可以通过自然语言处理技术了解电影的剧情介绍，或者理解用户的电影评论，更具体地，自然语言处理技术可以将文本转化为机器可以理解的向量。自然语言处理基本的技术包括词袋模型（Bag of Words Model）和 TF-IDF，然而，这些技术不能很好地处理词语的上下文信息。近年来，词嵌入（Word Embedding）技术，如 Word2Vec 和 GloVe，开始被用于处理文本信息，这些方法可以将词语转化为向量，同时保留词语的上下文信息。

预训练模型，如 BERT 和 GPT，被用于提取文本的深层次特征。这些模型通常有更大的参数量和更好的性能。在推荐系统中，这些模型可以通过提取物品描述和用户评论的特征，从而更好地了解物品和用户的需求。虽然深度学习和自然语言处理为推荐系统带来了变革，但其仍然存在一些挑战。例如，如何平衡探索和利用，如何处理冷启动问题，如何保护用户隐私等，这些问题需要进一步的研究。

作为一款基于 GPT 技术的语言模型，ChatGPT 在推荐系统中也有着广泛的应用。ChatGPT 通过对用户历史行为和社交信息的分析，可以构建用户画像，进而实现个性化推荐。同时，ChatGPT 还可以通过将语义理解和推荐算法相结合，提高推荐结果的准确性和多样性。此外，多模态信息融合也是 ChatGPT 在推荐系统中的优势之一。ChatGPT 可以处理文本、图像、音频等多种形式的信息，为用户提供更加全面和丰富的推荐服务。

在推荐算法的发展和应用中，我们也需要考虑个人隐私和数据安全等问题。推荐算法的设计和应用需要遵循数据保护的原则，确保用户数据的安全和隐私。同时，还需要加强对算法的监管和评估，防止算法滥用和对用户造成负面影响。

推荐算法的发展已经成为互联网和移动互联网时代的重要趋势。从基于内容的推荐到协同过滤、深度学习和自然语言处理，推荐算法的不断演进和创新为用户提供了更加个性化、精准和多样化的推荐服务。

2.7.2 ChatGPT 在推荐系统中的应用

ChatGPT 是基于 GPT-3.5 架构的大型语言模型，具有极高的自然语言理解和生成能力，被广泛应用于自然语言处理、对话系统和推荐系统等领域。在推荐系统中，ChatGPT 可以利用其强大的语义理解和多模态信息融合能力，为用户提供更加精准、个性化的推荐服务。

2.7.2.1 用户画像分析

ChatGPT 在推荐系统中的应用如同“金牌推销员”，它可以通过用户画像分析，了解用户的喜好、兴趣和需求，从而为用户提供最合适的推荐服务。ChatGPT 像一个“私人订制”，为每个用户制定独特的推荐方案，从而让用户感到满意和愉悦。

通过对用户历史行为、社交媒体和在线活动等多个维度的数据进行分析，ChatGPT 可以深入了解用户的个性化需求和偏好，构建用户画像模型，这个模型就像是一个“黑科技”，可以为推荐系统提供更加精准、个性化的推荐服务，帮助用户发现更多符合其兴趣和需求的产品和服务。从此，用户不再需要为了寻找自己需要的商品而费尽心思，ChatGPT 会为用户在海量的信息中找到最匹配的产品。ChatGPT 的用户画像分析技术就像是“超能力”，可以深入挖掘用户的消费习惯、品味和购买力，为用户提供更加个性化的服务。通过这种技术手段，用户可以快速找到自己需要的产品，同时也可以避免被无关的广告和信息干扰，从而拥有良好的体验。

在推荐系统中，ChatGPT 作为一种“神器”级别的技术手段，可以为用户提供更加个性化、精准和多样化的推荐服务。通过用户画像分析等技术手段的应用，ChatGPT 可以深入了解用户的需求和偏好，为用户提供最优质的推荐服务，让用户拥有更加愉悦和便捷的购物和娱乐体验。但是，我们也需要注意用户隐私保护、算法透明度和公平性等问题，确保

ChatGPT 在推荐系统中的应用是合理和公正的。

2.7.2.2 语义理解与推荐

ChatGPT 利用其强大的语义理解和推荐技术，为用户提供更加智能、高效的推荐服务，就像一个“个性化推荐专家”，可以根据用户的需求和偏好，为用户推荐最符合其兴趣和需求的产品和服务。

通过深入理解用户的搜索意图、查询内容和上下文信息，ChatGPT 可以精准识别用户的需求和偏好，从而为用户提供更加智能化和个性化的推荐服务。例如，当用户搜索“旅游”，ChatGPT 就可以根据用户的地理位置、时间和偏好等多个因素，推荐符合用户需求的旅游产品和服务，如当地的景点、酒店和美食等。通过这种方式，ChatGPT 可以为用户提供更加精准的推荐服务，让用户在旅途中更加轻松、惬意。ChatGPT 还可以根据用户历史行为和评价数据，计算出不同产品之间的相似度和相关性，从而实现多样化和新颖化的推荐服务。例如，当用户购买某种商品时，ChatGPT 可以根据用户的历史行为和评价数据，推荐与该商品相似的其他商品，这样，ChatGPT 就可以为用户带来更多的选择，同时也可以让用户感受到更加新颖和多样化的购物体验。

在推荐系统中，ChatGPT 作为一种具有强大语义理解和推荐技术的工具，可以为用户提供更加智能、高效和个性化的推荐服务。通过深入理解用户的需求和偏好、计算不同产品之间的相似度和相关性等手段，ChatGPT 可以实现多样化、新颖化和精准化的推荐服务，让用户拥有良好的体验。

2.7.2.3 多模态信息融合

ChatGPT 还具有强大的多模态信息融合能力，可以将多种类型的信息（如文本、图片、音频等）进行有效的融合和组合，为用户提供更加综合和全面的推荐服务。通过将多种信息类型进行有机组合，ChatGPT 可以为用户提供更加生动、具体的产品和服务信息，提高用户对推荐产品的认知和满意度。

在推荐系统中，ChatGPT 作为一种强大的技术手段，可以为用户提供更加个性化、精准和多样化的推荐服务。通过用户画像分析、语义理解和推荐、多模态信息融合等技术手段的应用，ChatGPT 可以深入了解用户的需求和偏好，为用户提供更加智能和高效的推荐服务。然而，ChatGPT 在推荐系统中的应用还存在一些问题和挑战，如数据隐私保护、算法透明度和公平性等方面，这些问题需要在实际应用中得到充分的关注和解决。

2.7.3 行业案例与挑战

在现代社会中，个性化推荐已经广泛应用于各个行业，然而，这些行业也面临着一些挑战和问题，需要不断地优化和创新，以为用户提供更加准确、安全和贴合用户需求的个性化推荐服务。

2.7.3.1 社交媒体与新闻推荐

社交媒体与新闻推荐是个性化推荐的两个重要应用场景。社交媒体通过个性化推荐，可以帮助用户更好地发现自己感兴趣的内容和人物；新闻推荐则可以根据用户的偏好和历史阅读记录，为用户推荐最符合其兴趣和需求的新闻内容。

社交媒体与新闻推荐也面临着一些挑战和问题。首先，社交媒体与新闻推荐往往需要处理大量的数据和信息，其需要快速、准确地对数据进行处理和分析；其次，社交媒体与新闻推荐需要考虑用户的个人隐私和安全，其需要采取有效的隐私保护措施，以保护用户的个人信息和数据安全；最后，社交媒体与新闻推荐也需要面对信息过滤和偏差问题，即推荐算法会优先推荐用户喜欢的内容，而忽略其他类型的内容，这样可能会导致用户在获取信息时不够全面和客观。

2.7.3.2 隐私保护与道德伦理

在个性化推荐领域，隐私保护和道德伦理问题已经引起了广泛的关注和讨论，随着个人信息的不断采集和应用，保护用户的隐私已经成为一个亟待解决的问题。在推荐算法中，如何采取有效的隐私保护措施，以保护用户的个人信息和数据安全，是个性化推荐领域需要解决的一个重要问题。隐私保护需要从两个方面入手。一方面，推荐系统需要采用加密和脱敏等技术手段，对用户的个人信息和数据进行保护，确保其不被非法获取或滥用；另一方面，推荐系统需要采用数据共享和匿名化等措施，以保护用户的隐私和安全。此外，推荐系统还需要建立完善的隐私保护法规和制度，对于侵犯用户隐私的行为进行严格的处罚。

道德伦理问题也是个性化推荐领域需要面对的一个重要挑战。在推荐算法中，某些算法可能会利用用户的心理和行为数据，对用户进行潜在的影响和操纵，这可能会引起一些道德和伦理方面的争议。例如，某些算法可能会推荐一些具有潜在风险或有争议性的产品或服务，这可能会对用户造成伤害或损失。因此，如何在个性化推荐算法中维护道德伦理，承担社会责任，是个性化推荐领域需要面对的另一个挑战。

在解决隐私保护和道德伦理问题时，个性化推荐领域需要采取多种手段和措施。首先，个性化推荐系统需要建立完善的隐私保护机制和法规，确保用户的个人信息和数据安全；其次，个性化推荐系统需要人们不断加强道德和伦理方面的教育和培训，让开发人员和业界人士具备更高的社会责任感和道德意识；最后，个性化推荐系统还需要采用透明、公平等原则，确保算法推荐结果的公正性和合理性。

隐私保护和道德伦理问题是个性化推荐领域需要面对的重要挑战，在解决这些问题时，我们需要采取多种手段和方法，如加强隐私保护措施、完善用户数据收集和使用规定、强化透明度和用户控制等。同时，我们还需要倡导并遵守道德准则和伦理原则，尊重用户的隐私权和数据安全，并且保证个性化推荐的公正性和客观性，不歧视任何用户群体或利益相关方。在处理隐私保护和道德伦理问题时，我们也需要权衡不同的利益，如用户利益、商业利益、社会利益等，避免在个性化推荐过程中出现利益冲突和权益侵害。同时，我们还需要加强监管和管理，对于不遵守规定和准则的企业与个人，要严格追究责任，加大处罚力度，以维护个性化推荐的公正和可持续发展。

第 3 章

功能拓展：ChatGPT 插件的多元化应用

3.1 ChatGPT 插件介绍

ChatGPT 插件是一款基于先进的人工智能技术开发的聊天机器人插件，它具有自然语言交互的能力，可以理解和回应多种语言，为用户提供个性化的定制服务。ChatGPT 插件不仅可以自动回复用户的消息，无论是简单的问候还是复杂的问题，它都能准确及时地给出回应；而且还支持语音输入，能够识别并理解用户的语音指令，为用户提供无障碍的交互体验。此外，ChatGPT 插件还能根据用户的交谈内容和习惯，智能地为其提供个性化的推荐，如相关的新闻、书籍、电影等。这款插件采用了最新的自然语言处理技术，能够理解和解析用户的意图，从而为用户提供更智能、更个性化的回复。用户无论是在工作中需要快速获取信息，还是在生活中需要一个智能的交谈伙伴，ChatGPT 插件都能够满足其需求，并为其提供优质的服务。以下是各种插件的介绍。

1. Polarr 插件

该插件能有效帮助用户编辑各种图片，其中包括对于图片亮度、对比度、饱和度的调整。用户可以使用这款插件应用滤镜，裁剪图片，以及进行其他更高级的图片处理。Polarr 插件能够使 ChatGPT 更好地满足用户对于图片的处理需求，服务于客户。

2. BizToc 插件

BizToc 插件的主要功能是帮助用户获取最新的商业新闻。用户在使用这个插件搜索新闻时，可以结合特定的关键词进行搜索，在用户输入关键词之后，这个插件就会为用户快速搜索在标题或者正文中与关键词有关的新闻信息。

3. Wahi 插件

这个插件的主要功能是记录安大略省的待售、待租的房屋、公寓，其为用户的生活提供了诸多便利。

4. Public 插件

这个插件主要是为了金融市场数据而设计，能为用户提供实时与历史的金融市场数据，其中包括公司、货币以及股票的价格。Public 插件的功能主要是为用户获取某个企业特定日期的股票数据、详细的资产信息、过去三年的所有股票收益记录等。

5. Ambition 插件

Ambition 插件主要是为用户提供就业以及与职业有关的信息。这款插件能帮助用户搜索特定的工作职位，用户在使用的过程中可以输入自己感兴趣的工作类型以及合适的地理位置等信息，通过这些信息，插件就能够为用户提供相应的工作职位。

6. edX 插件

用户可以借助这个插件的课程库查找学术信息。这个插件是一个在线学习的平台，涵盖了世界顶级大学与机构的课程。

7. Video Insights 插件

Video Insights 插件的功能十分强大，其可以通过各种视频提供商获取视频的转录以及元数据等信息，还可以帮助用户获取视频摘要。

8. Coupert 插件

这是一个能获取购物优惠券的插件工具。用户在浏览在线商店的时候，可以通过 Coupert 插件搜索并应用最佳的优惠券，从而节省大量的金钱。

9. KAYAK 插件

KAYAK 插件是一个旅行搜索引擎，这一插件能够为 ChatGPT 用户提供多种多样的与旅行有关的信息内容与服务。应用 KAYAK 插件，ChatGPT 用户能够搜索航班、住宿、租车服务以及旅行目的地等。由此可见，这个插件的实用性较强。

10. Crafty Clues 插件

这个插件是一个词语猜测游戏。它的工作原理是为用户提供一个目标词语以及一些与目标词语有关的词语，用户结合 Crafty Clues 提供的线索进行目标词语猜测，猜对得一分，猜错得零分。游戏共五轮，用户在进行完五轮游戏后，插件会自动给出得分。

11. Bohita 插件

Bohita 能帮助用户进行服装设计，是一个比较有创新特点的工具。该

插件能结合用户提供的一个主题以及详细的图像描述，生成一个独特的图形设计，并直接将这个设计打印在服装上。Bohita 插件有着服装设计、个性化定制、用户创作的功能。

12. KalendarAI 插件

这个插件是一种日程管理工具，能有效帮助用户管理日程。用户可以通过 KalendarAI 插件创建、更新、查询以及删除日程，包括筛选一次性事件与重复事件。这个插件可以设置事件提醒，即在事件开始之前及时提醒、通知用户。同时，用户还可以运用这个插件查询特定日期与时间的日程，便于其安排新的事件。这个插件还能实现跨平台同步，使用户在不同设备与平台上管理日程。

13. Kraftful 插件

Kraftful 是一个产品开发工具，专门为产品开发者而设计，涵盖了诸多实用的功能，促进了产品开发者技能的有效提高。该插件的主要功能有：获取产品开发最佳实践、探索行业标准、编写清晰的产品文档，其能为用户带来良好体验。

14. Likewise 插件

这是一种推荐媒体与娱乐的工具，其能帮助用户发现并探索多种类型的媒体内容。Likewise 插件的主要功能为：流媒体查询、获取详细信息、相似内容推荐、新内容查询、即将离线内容查询、流行内容查询、按类别查询流行内容。

15. AITickerChat 插件

该插件是一个用于检索美国证券交易委员会（United States Securities and Exchange Commission, SEC）文件以及财政电话会议记录的工具。AITickerChat 插件的主要功能体现为：搜索 SEC 文件，这些文件包括公司的年度报告、季度报告等；搜索财报电话会议记录，这些信息对于投资者通常有着十分重要的价值；搜索相关信息，根据查询、过滤器等搜索查询对象，将复杂的问题分解为简单问题。

16. Savvy Trader AI 插件

这是一个实时股票工具，该插件的功能十分强大，能够为用户提供实时的股票、加密货币以及场外交易价格数据、历史价格数据等等。Savvy Trader AI 插件的主要功能是：获取实时报价、获取资产信息。

17. Word Sneak 插件

Word Sneak 是一个聊天游戏插件。这个插件的应用方法是在用户聊天对话的过程之中，巧妙引入特定的秘密词。在游戏开始的时候，用户能得到三个秘密词，这个插件要将这三个秘密词灵活融入对话中，令用户无法察觉，在对话结束的时候，用户需要猜测这三个秘密词，每猜对一个则能获得一分。

18. Weather Report 插件

Weather Report 插件主要用于特定场景的实时天气情况获取，是一种全球标准化的天气报告，其主要被应用在航空业。

19. Noteable 插件

用户可以运用 Noteable 在 Python 中编写代码、处理数据，然后使用结构化查询语言（Structured Query Language, SQL）进行查询，再使用 Markdown（一种轻量级标记语言）进行文档编写。这意味着用户能在一个平台上完成所有的工作，无需在不同的工具之间切换。这个插件还为用户提供了一系列的数据可视化工具，可以帮助他们更好地理解数据。

20. AskYourPDF 插件

这个插件的作用比较大，用户可以下载、保存以及搜索曾经的 PDF 文档，从而检索想要的信息。用户提供一个 PDF 链接，插件就能将这个文件下载并保存至数据库中，便于用户搜索文档。

21. Instacart 插件

Instacart 插件可以为用户提供建议，如晚餐食谱，或者为用户计划购物清单。这个插件可以通过制定食谱和自动创建购物清单，从而给予客户帮助。

22. Yay!Forms 插件

Yay!Forms 可以帮助用户生成问卷调查、测验、问题清单等各种表单，并为用户提供一个统一资源定位符（Uniform Resource Locator, URL），用户可以通过 URL 将表单导入 Yay!Forms 中。此外，用户还能自定义表单的主题，非常快捷、方便。

23. Manorlead 插件

Manorlead 插件是一个房地产工具，专门用于搜索北美地区房地产列

表，这个工具的实用性比较强，用户可以根据自己的特定需求，如价格范围、卧室与浴室的数量、地理位置等，搜索相关的房屋信息。

24. Giftwrap 插件

这个插件主要用于推荐礼物，其能够结合不同的场合、关系、价格范围等多种因素，为用户提供个性化的礼物建议。

25. Prompt Perfect 插件

Prompt Perfect 插件的主要功能是将用户所输入的提示内容进行重述或者改写，进而强化 ChatGPT 的质量。这个插件使用 GPT-3.5-turbo 模式处理用户输入的提示，并将其转化成为更加具体、清晰且有上下文的提示。改写之后的提示将会作为原始数据返回，融入 ChatGPT 响应中。

26. Speak 插件

该插件主要是用于学习与翻译语言的一个工具。Speak 能帮助用户理解与学习外语，包括在特定的情境之中，如何使用特定的短语或者表达方式。

27. Chess 插件

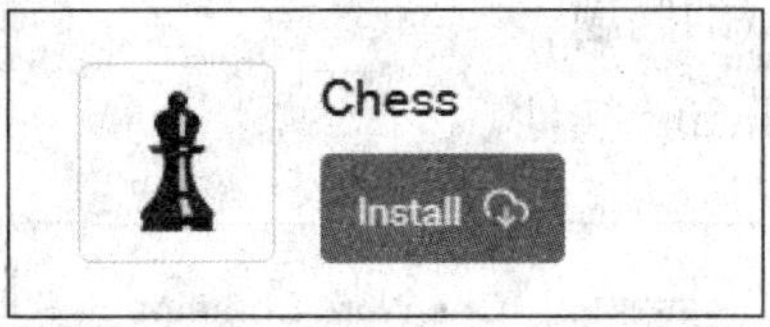

这个插件能与用户进行国际象棋对局，是一个小游戏工具。Chess 插件可以创建新的棋局，执行棋步，提供棋局的福斯夫·爱德华兹记号法（Forsyth-Edwards Notation, FEN）表示，并且提供棋局的完整移动历史。FEN 主要是一种描述国际象棋局面的标准表示法，可以对棋局进行记录、分享。

28. DEV Community 插件

DEV Community 的功能主要是获取 DEV 社区的文章以及用户信息，而 DEV 社区是一个开放的社区，能为软件开发者提供分享与学习的良好平台。DEV Community 插件能够帮助用户查找特定的文章或者用户，也能够结合一些关键词搜索文章。

29. Wolfram 插件

这个插件可谓“大名鼎鼎”，它是一个十分强大的计算工具，能够访问 Wolfram Alpha 与 Wolfram Cloud 的动态计算以及策划数据。面对各种复杂的数学与科学问题，Wolfram 插件能巧妙处理，包括但不仅限于数学

计算、单位转换以及公式求解等，还可以回答用户所提出的关于化学、物理、历史、天文等领域的问题。

30. One Word Domains 插件

One Word Domains 插件通常用于检查以及比较域名价格。这个插件工具能够帮助用户查找特定的域名是否可用，并且能够在不同的域名注册商之间对比、给定域名的价格。

31. KeyMate.AI Search

KeyMate.AI Search 是一个对关键词进行提取与搜索的插件，能够在一段文字中帮助用户迅速找出关键词。这个插件所提取的关键词可以用于各种场景，包括搜索引擎优化、内容分析等。KeyMate.AI Search 应用了较为先进的自然语言处理技术，能更好地理解文本，从而提炼关键词。

32. Vivian Health 插件

这个插件适用于搜索医疗保健工作，能帮助医疗保健专业人员找到下一个工作机会。作为这一群体用户的助手，Vivian Health 插件会引导候选人填写一系列信息，而这些信息主要包括工作周期性、工作地点、工作专

业以及工作薪酬四类。

33. BlockAtlas 插件

BlockAtlas 插件是一个用于查询与获取美国人口普查数据的工具。BlockAtlas 插件能够帮助用户查找特定的数据集，如中位数收入，或者获取特定变量、一组变量以及一个或者多个地区内的数据。

34. Yabble 插件

这个插件能帮助用户生成与运行市场调查。用户只需要提供调查主题，插件就能够生成一系列问题，并返回一个调查代码，用户将这个调查代码保存下来，当收到人口统计信息的时候，插件就能将这些信息发送，并且生成一系列的人物角色。人物角色生成以后，插件就会提示用户运行调查，并获取调查的结果。插件可以为每个问题创设摘要，并将摘要显示给用户。插件能为用户提供一个链接，通过这个链接，用户可以查看调查结果。

35. Lexi Shopper 插件

ChatGPT 插件中，Lexi Shopper 是亚马逊的一个商品检索插件，这个

插件可以帮助用户在亚马逊上找到需要的产品。用户在操作的过程中，只需要将自己想要购买的商品提供给插件，Lexi Shopper 就会在亚马逊上搜索，并且向用户推荐符合描述的产品。

36. Hauling Buddies 插件

该插件专门用于搜索与验证动物运输服务。用户通过 Hauling Buddies 能找到可靠的动物运输商，并且获取他们的联系信息。此外，通过这个插件，用户还可以查询运输商的美国农业部证书与美国交通部联邦汽车运输安全管理局的数据库，从而验证动物运输商是否符合规定。

37. Open Table 插件

这是一个能搜索、预订餐厅的插件，其功能性较强，允许用户对全球范围内的餐厅进行搜索，其中包括米其林星级餐厅、时尚咖啡馆以及休闲餐馆等，不论是早餐、午餐、晚餐，该插件都能为用户找到合适的餐厅。

38. Tabelog 插件

Tabelog 插件可以结合用户提供的关键词如预定时间与日期、预订人数等，搜索可预订的餐厅。这个插件比较适用于在日本寻找餐厅，其能为

用户提供比较详细的餐厅信息，其中包括菜品、价格、位置、用户评价等等。

39. Klarna Shopping 插件

根据用户的查询，Klarna Shopping 插件能获取相关的产品建议，“Products Using GET”是其主要的功能。这个插件可以根据用户的查询、产品数量、最低价格与最高价格等信息进行产品搜索。例如，用户想要查询一款特定的运动鞋，就可以通过这个插件找到有关产品。

40. Cloudflare Radar 插件

这是一个关于网络安全与性能的平台，其中涵盖了大量的互联网流量与威胁情报。用户通过 Cloudflare Radar 插件可以了解到全球互联网的状态，其中涉及流量分布、设备类型、操作系统等多方面的使用情况，以及网络攻击的类型、分布等信息。

41. ScholarAI 插件

ScholarAI 插件是一个比较强大的科学文献检索工具，可以访问开放网站中的科学文献，尤其是 Springer Nature 中的期刊文献。其功能主要

有两个：搜索摘要，这一功能能通过主题与短语搜索找到特定主题的论文摘要；获取全文，使用这个功能通过 DOI 获取全文，便于用户深入阅读、理解论文内容。

42. Comic Finder 插件

用户可以通过 Comic Finder 插件查找漫画，只需要为这个插件提供一个描述，如输入想找的漫画主题或者内容，这个插件就会帮助用户找到相关的漫画。

43. VoxScript 插件

VoxScript 插件可以访问和处理各种数据源，其主要的功能有：获取美国股票或加密货币信息、获取美国股票财务信息、获取美国股票或加密货币的历史价格、获取 YouTube 视频数据。

44. WebPilot 插件

WebPilot 插件允许 ChatGPT 访问和交互网页内容，它可以在用户提供 URL 的情况下，访问特定的网页并从中提取信息。WebPilot 插件的功能包括：访问网页、提取信息、交互、重写和翻译。由此可见，WebPilot

插件增强了 ChatGPT 的功能，使其能够更有效地处理涉及网页内容的用户请求。

45. Redfin 插件

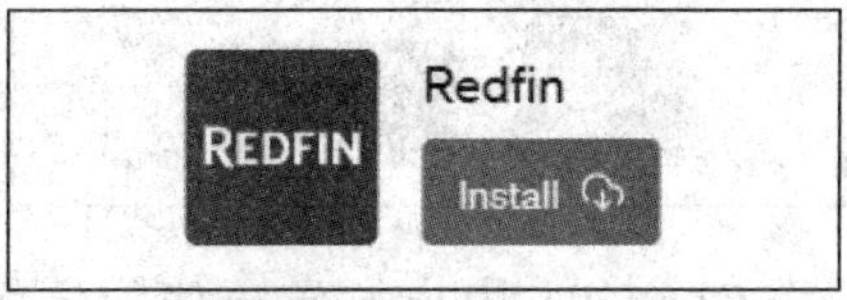

这是一个专门用于提供美国与加拿大房地产列表的实时的、准确的信息插件。用户能通过 Redfin 插件获取与房地产市场有关的细节，其中包括房产列表、市场趋势和抵押贷款等信息。

46. ChatWithPDF 插件

通过使用 ChatWithPDF 插件，用户能通过获取 PDF 文档的临时 URL 来解析 PDF 文档。这个插件有两个主要的功能：加载 PDF 文档，用户可以提供一个 PDF 文档的临时 URL，插件会加载这个文档并查询；查询 PDF 文档，一旦文档被加载，用户就可以基于 PDF 文档内容进行查询。

47. Golden 插件

这是一个事实检查工具，可以获取和验证特定实体（如人、公司、产品等）的最新信息，是一个由人工智能和人类共同创建的大型知识库。该

插件的主要功能是语义消歧、事实检查、实体搜索。

48. Glowing 插件

Glowing 插件允许 ChatGPT 用户发送短信到任何有效的手机号码，这些短信的内容将由 ChatGPT 根据用户提供的内容生成。用户需要在 Glowing 插件中提供名字、有效的手机号码、当地时区、开始日期、结束日期等信息，ChatGPT 将根据用户提供的内容生成一组独特的信息，这些信息将由 Glowing 存储，并根据用户的计划发送。ChatGPT 根据 Glowing 插件编辑的每条信息的内容都不能重复，并且需要少于 155 个字符。另外，用户可以请求查看、修改或取消短信内容。当用户请求查看、修改或取消短信内容时，ChatGPT 要让用户提供他们注册的手机号码和国家代码。

49. Tasty Recipes 插件

Tasty Recipes 插件是为用户提供食谱的，用户可以通过这个插件找到各种感兴趣的食谱。

50. Change 插件

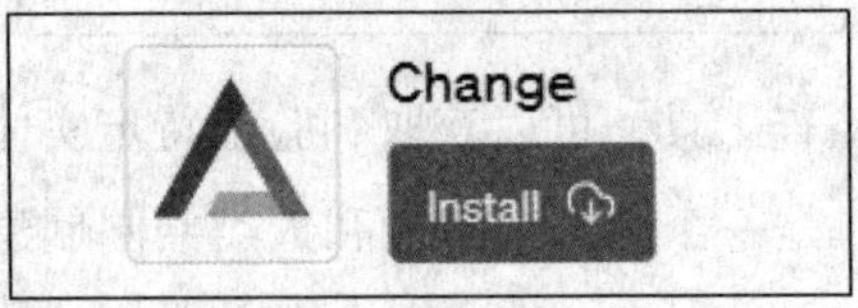

Change 插件是帮助用户发现和为用户推荐非营利组织的，这个插件可以帮助用户找到他们社区内有影响力的非营利组织。用户无论是想要支持环保组织，还是想要帮助贫困儿童，Change 都能为其提供相关的信息，从而使用户为社区作出积极的贡献。

51. Keyplays Live Soccer 插件

Keyplays Live Soccer 插件可以提供各种足球联赛的信息，包括联赛详情、场地、天气、阵容、评论、参与者、赔率、裁判、阵型，以及不能参赛的球员等信息。可以说，Keyplays Live Soccer 插件是足球迷的理想工具，可以帮助他们获取他们最喜欢的队伍和联赛的最新信息。

52. Show Me 插件

这是一个可视化工具，Show Me 插件可以帮助用户理解复杂的事物。当用户想要看到某个抽象事物的视觉表示时，就可以使用这个插件。

53. PortfolioPilot 插件

PortfolioPilot 插件可以帮助用户获取个性化的投资组合建议，还可以帮助用户获取有关于个别证券以及宏观经济趋势的最新信息，是一个投资组合评估与推荐工具。PortfolioPilot 插件的功能主要是投资组合评估和股票搜索，当用户想要了解有关金融市场、投资组合管理或投资的问题时，可以使用该插件。

54. Open Trivia 插件

Open Trivia 可以用来获取和管理趣味问答题，适用于游戏、教育或娱乐场景，是一个为用户提供各种类别和难度级别趣味问答题的工具。这个插件的主要功能是：获取趣味问答题。用户可以指定获取的问题数量、类别、难度级别以及问题类型（选择题或判断题），还可以管理会话令牌。为了避免获取重复的问题，用户可以使用一个新的会话令牌，或者重置一个现有的会话令牌。

55. ndricks Sports 插件

ndricks Sports 插件能帮助用户获取特定体育队伍的最新新闻，是一个为用户提供美国大部分职业体育队伍信息的工具，其主要功能是获取体育队伍信息。在用户提供一个队伍的名称之后，插件会搜索并向用户反馈关于这个队伍的最新新闻。这个插件比较适合体育迷，特别是那些想要追踪他们最喜欢队伍的最新动态的人。

56. MixerBox OnePlayer 插件

MixerBox OnePlayer 插件能为用户提供高质量的音频和视频，包括最新的音乐发布信息，是一个为用户提供广泛音乐库、播客和视频的插件工具。用户可以通过输入音乐名称搜索自己感兴趣的音乐和播客，也可以根据他们喜欢的音乐类型创建播放列表，包括摇滚、爵士、流行等。此外，MixerBox OnePlayer 插件还提供基于心情的播放列表，如健身、旅行、睡眠等；用户还可以通过输入与音乐、喜剧、新闻、历史和电影等相关的关键词来寻找特定类型的播客。

57. Turo 插件

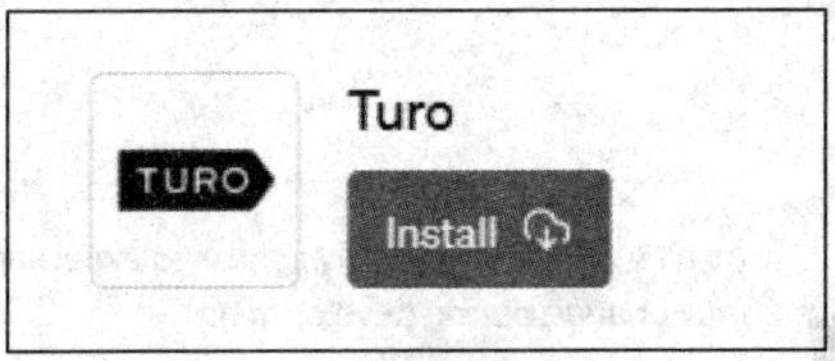

Turo 插件能使 ChatGPT 访问 Turo，是一个点对点的汽车共享平台，用户借助该插件可以根据位置和租赁日期搜索可租用的汽车。Turo 插件能将用户提供的位置名称转换为地理坐标，并使用 Turo API 搜索汽车，在这个过程中，其还为用户提供 URL，以便用户查看和预订车辆。

3.2 插件安装步骤

1. 打开 ChatGPT，点击左下角的 ...，会出现这个界面，选择 Settings。

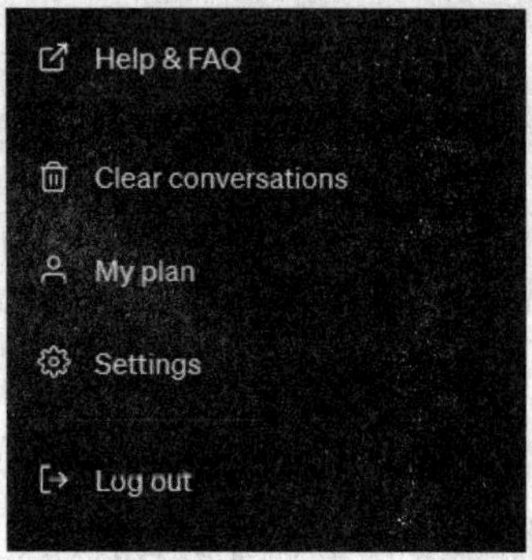

2. 选择 Settings 中间的 Beta features，并打开 Browse with Bing 和 Plugins。

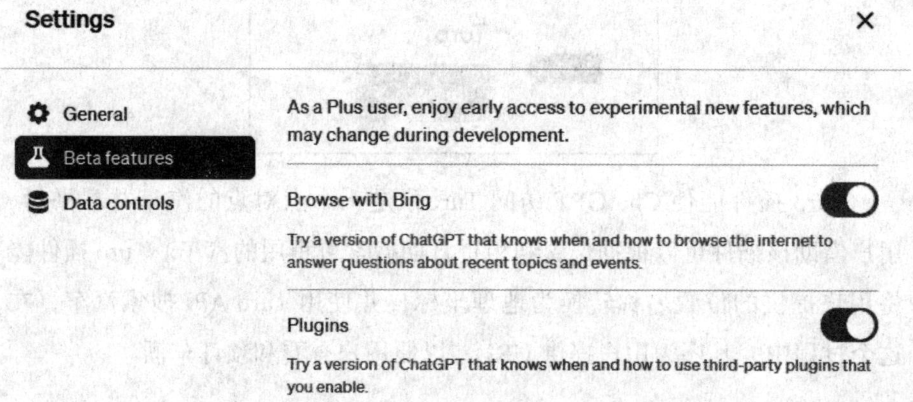

3. 打开 ChatGPT，选择 GPT-4 模型，选择 Plugins 模式。

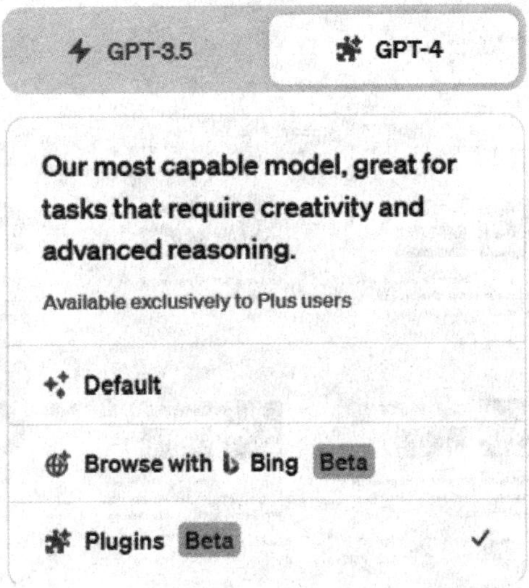

4. 点击下拉箭头打开已安装插件列表，拉到最底下点击 Plugin store。

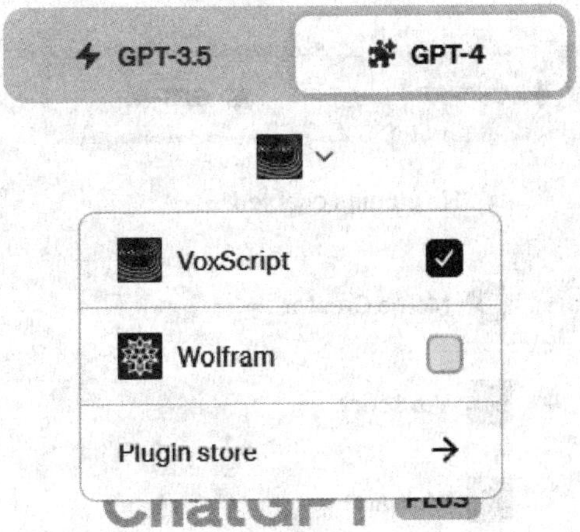

5. 打开 ChatGPT Plugin store，选择 All，翻页找到本插件，如下方所示，点击安装按钮。

6. 点击下拉箭头打开已安装插件列表，找到插件，勾选以启用。

7. 下图是已经启用了某个插件的界面显示效果。

8. 在聊天输入框输入：如何使用这个插件？

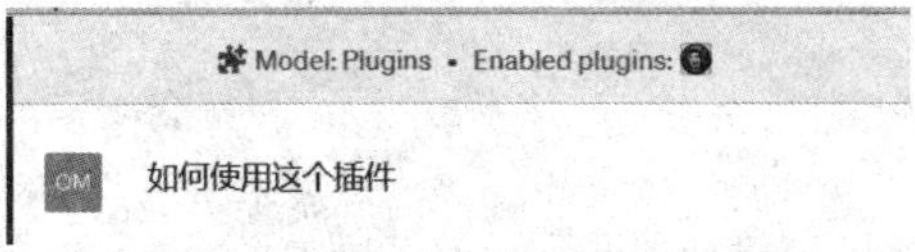

3.3　常见插件的使用

1. Browse with Bing 插件（使用 Bing 浏览）应用演示

（1）在 ChatGPT 客户端左下角的账户位置点击“Settings”。

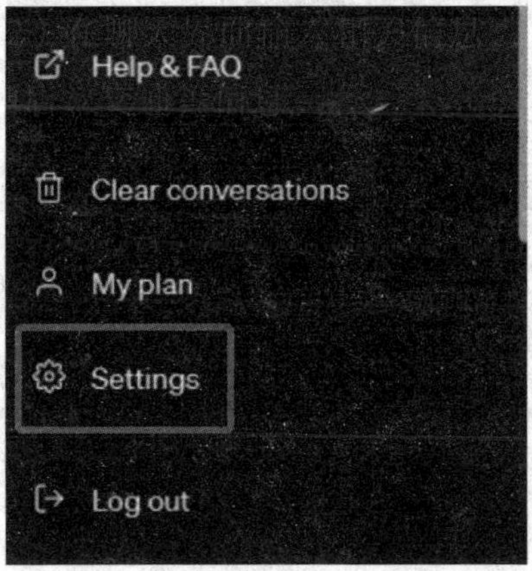

（2）在弹出的对话框中，选择左侧第二项：“Beta features”，并在界面上选择“Browse with Bing”。

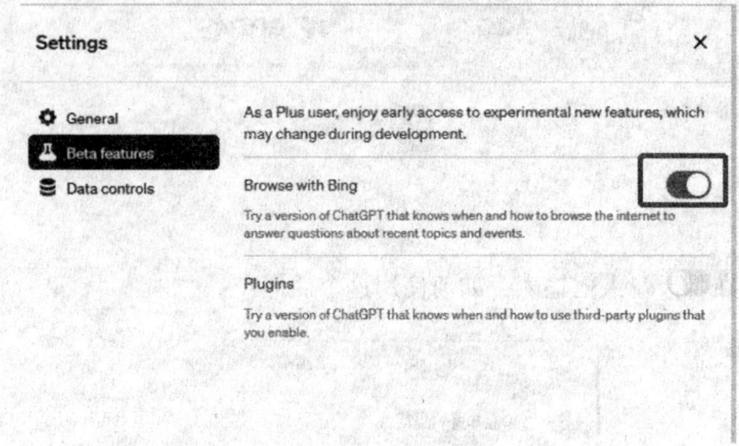

（3）在 ChatGPT 主界面上选定此插件。

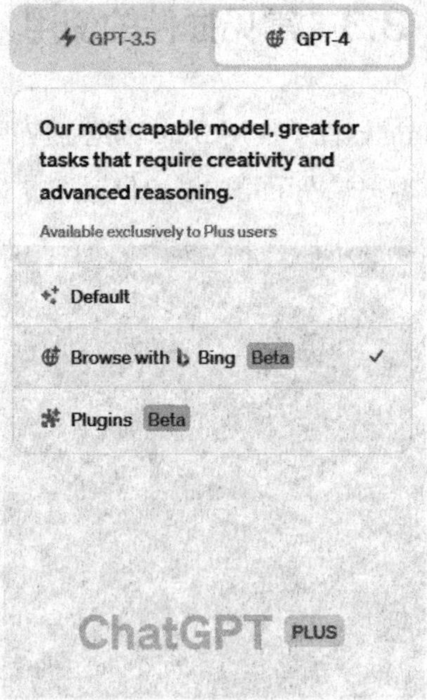

（4）输入需要解决的问题，ChatGPT 即可用 Bing 浏览网页，检索需要解释的内容。如下图，Browse with Bing 插件正在检索信息。该插件可以检索任何您想要检索的信息，只需在 ChatGPT 的聊天窗口中输入您想了解的问题即可。

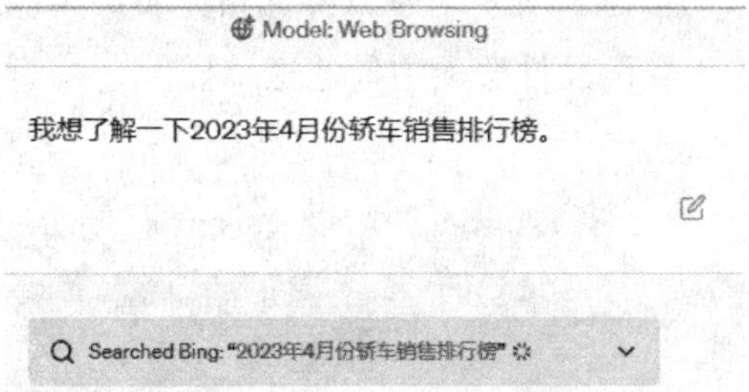

（5）经过短时间的等待，用户将会得到如下答案。

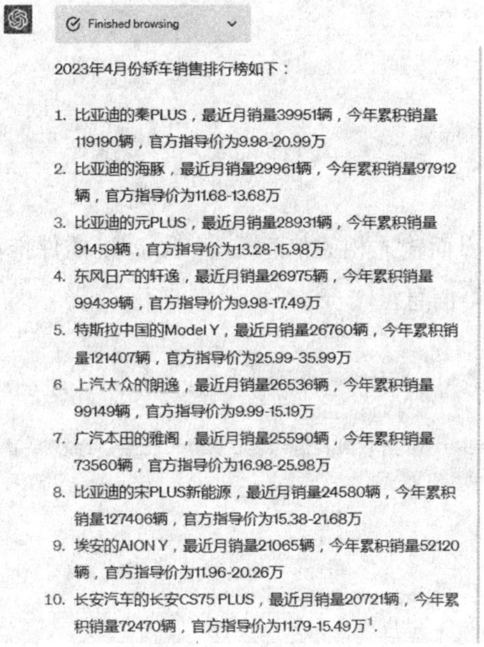

（6）点击后面的脚注“1”，即可浏览相应网页，进一步在网页中获取相应的信息。

2. Expedia 插件应用演示

Expedia 插件可以被称为 GPT 版旅游小助手，主要作用就是为用户查找 / 推荐旅游相关的信息，对未来有旅游计划的朋友非常友好。

（1）在 GPT−4 界面插件选项中勾选这个插件。

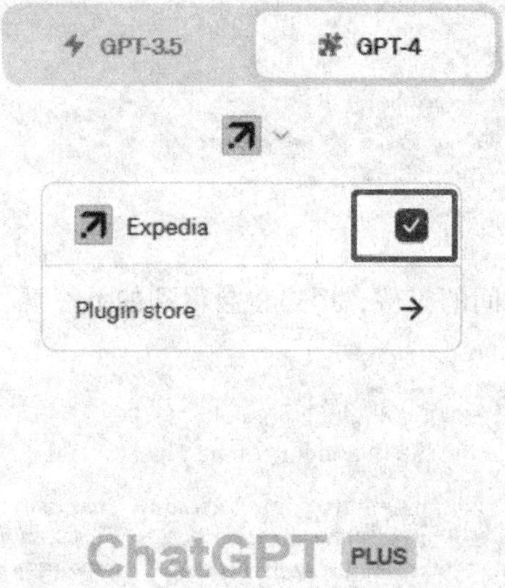

（2）在聊天界面输入相关信息，令 Expedia 插件推荐度假旅行的目的地、酒店、交通等信息。

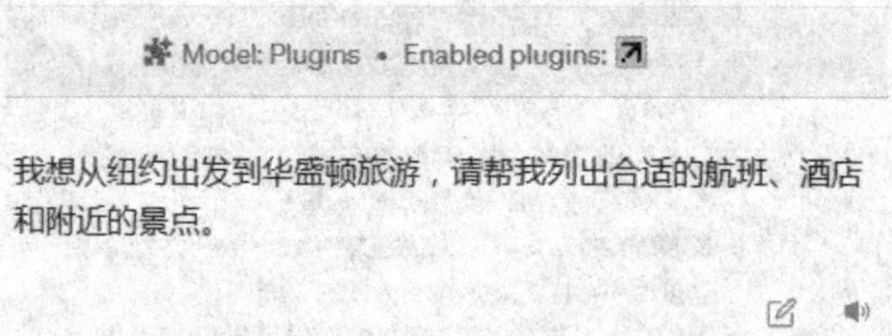

（3）此时，插件正在帮助用户搜索相关信息。

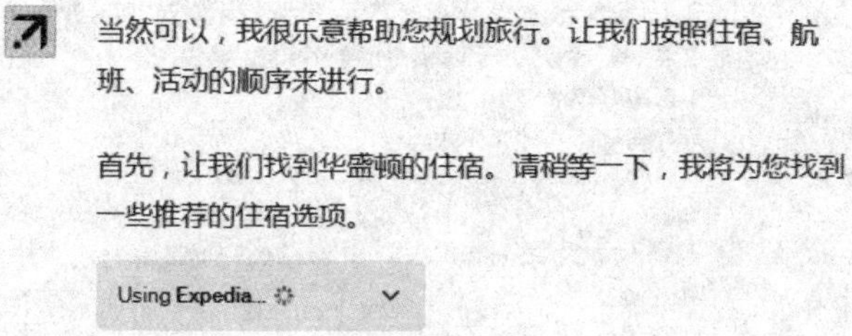
当然可以，我很乐意帮助您规划旅行。让我们按照住宿、航班、活动的顺序来进行。

首先，让我们找到华盛顿的住宿。请稍等一下，我将为您找到一些推荐的住宿选项。

Using Expedia...

（4）搜索完成后，插件将会自动按照询问的顺序，直接解答用户的问题。例如，关于住宿信息，插件会为用户列举出三个酒店，包含酒店的具体位置，酒店附近的景点，酒店的住宿条件等。当然，如果用户觉得不够详细，可以继续点击黑色下划线，跳转至酒店网页了解具体信息。

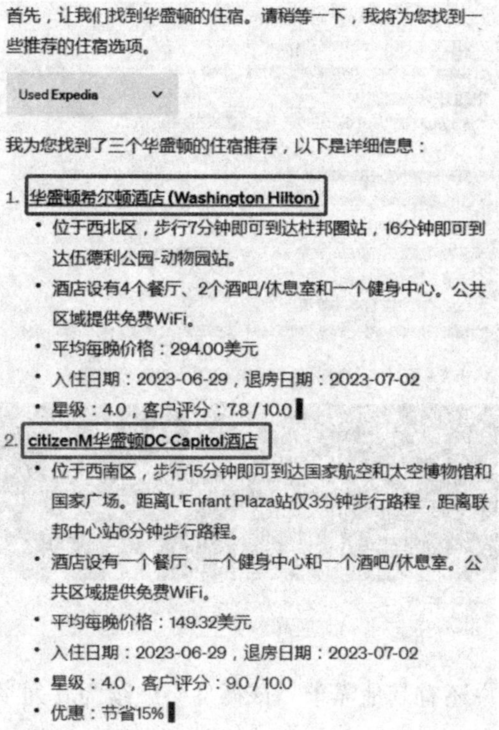
首先，让我们找到华盛顿的住宿。请稍等一下，我将为您找到一些推荐的住宿选项。

Used Expedia

我为您找到了三个华盛顿的住宿推荐，以下是详细信息：

1. 华盛顿希尔顿酒店 (Washington Hilton)
   - 位于西北区，步行7分钟即可到达杜邦圈站，16分钟即可到达伍德利公园-动物园站。
   - 酒店设有4个餐厅、2个酒吧/休息室和一个健身中心。公共区域提供免费WiFi。
   - 平均每晚价格：294.00美元
   - 入住日期：2023-06-29，退房日期：2023-07-02
   - 星级：4.0，客户评分：7.8 / 10.0
2. citizenM华盛顿DC Capitol酒店
   - 位于西南区，步行15分钟即可到达国家航空和太空博物馆和国家广场。距离L'Enfant Plaza站仅3分钟步行路程，距离联邦中心站6分钟步行路程。
   - 酒店设有一个餐厅、一个健身中心和一个酒吧/休息室。公共区域提供免费WiFi。
   - 平均每晚价格：149.32美元
   - 入住日期：2023-06-29，退房日期：2023-07-02
   - 星级：4.0，客户评分：9.0 / 10.0
   - 优惠：节省15%

3. citizenM华盛顿DC NOMA酒店
   - 位于东北区，步行15分钟即可到达史密森学会和联合站购物中心。距离Gallaudet U站仅4分钟步行路程，距离H St & 3rd St NE站13分钟步行路程。
   - 酒店设有一个餐厅、一个健身中心和一个酒吧/休息室。公共区域提供免费WiFi。
   - 平均每晚价格：132.32美元
   - 入住日期：2023-06-29，退房日期：2023-07-02
   - 星级：4.0，客户评分：8.8 / 10.0接下来，让我们找到从纽约到华盛顿的航班。请稍等一下，我将为您找到一些推荐的航班选项。

（5）除此之外，Expedia 插件还会自动生成具体的航班信息、票价以及具体的行程信息。同样，用户也可以点击下划线，跳转至航空公司网页获取更为详细的信息。

我为您找到了三个从纽约到华盛顿的航班推荐，以下是详细信息：

1. 美国航空公司航班1988
   - 从拉瓜迪业机场 (LGA) 出发，到达华盛顿国家机场 (DCA)
   - 无需转机，飞行时间：1小时21分钟
   - 每张机票价格：83.90美元
   - 出发日期：2023-06-29，出发时间：06:00 AM，到达时间：07:21 AM
2. 美国航空公司航班2115
   - 从拉瓜迪亚机场 (LGA) 出发，到达华盛顿国家机场 (DCA)
   - 无需转机，飞行时间：1小时18分钟
   - 每张机票价格：83.90美元
   - 出发日期：2023-06-29，出发时间：12:00 PM，到达时间：01:18 PM
3. 美国航空公司航班1496
   - 从拉瓜迪亚机场 (LGA) 出发，到达华盛顿国家机场 (DCA)
   - 无需转机，飞行时间：1小时17分钟
   - 每张机票价格：83.90美元
   - 出发日期：2023-06-29，出发时间：06:58 AM，到达时间：08:15 AM

这些航班都是直飞航班，非常方便。如果您有其他的需求或者想要看到其

LGA-DCA, 1h 21m
expedia.com

LGA-DCA, 1h 18m
expedia.com

（6）如果用户还有其他需求，该插件会继续为其列举所需信息，供其

参考和选择。

遗憾的是，Expedia 插件现阶段对国外旅游、出行信息的总结较为完善，而对于国内的景点、航班信息等，其数据库中的信息并不是特别完善。期待 Expedia 插件能够更快完善全世界的景点信息。

3. ScholarAI 插件应用演示

这个插件是一个学术性插件，可以从学术角度为用户提供一些专业知识。

（1）在 GPT-4 界面插件选项中勾选这个插件。

（2）在 ChatGPT 的聊天界面输入关键词，检索学术论文。

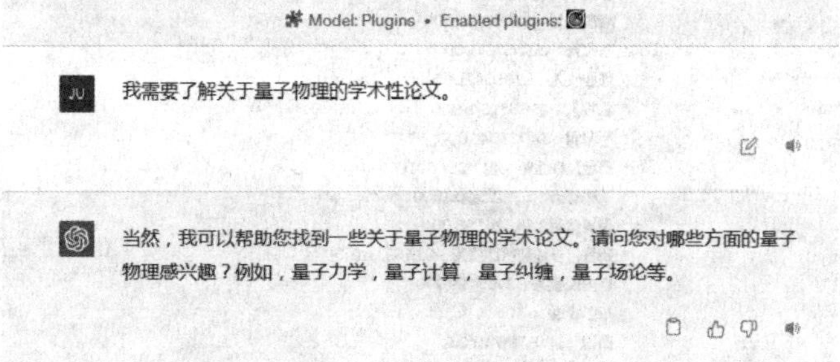

4. VoxScript 插件的应用演示

该插件可以启用 Youtube 脚本和 google 搜索。

（1）在 GPT-4 界面插件选项中勾选这个插件。

（2）在 ChatGPT 的聊天界面输入关键词检索。

（3）当然，也可以启用 Youtube 脚本进行检索。

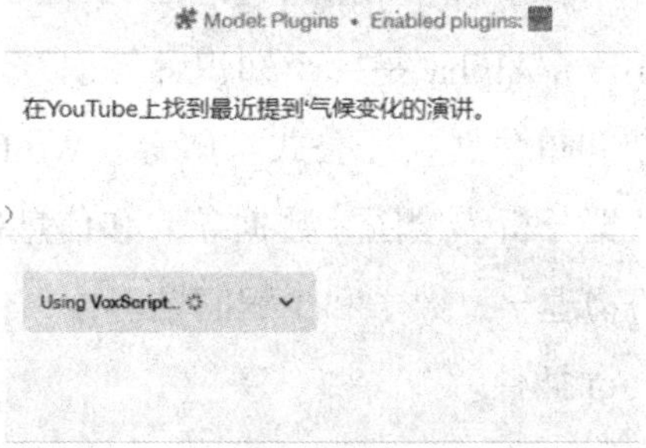

（4）用户通过检索，将会得到相关的视频和视频详情，用户可以直接点击下划线，跳转至视频网页进行浏览。

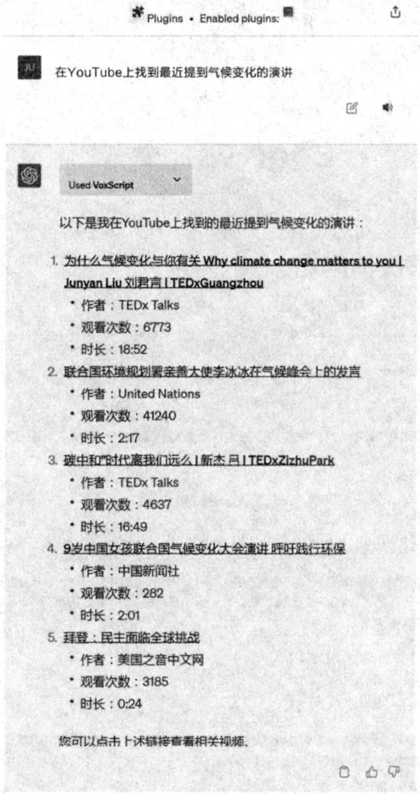

5. Wolfram 插件的应用演示

这个插件可以让用户了解 Wolfram Alpha 和 Wolfram Cloud 的动态计算和精选数据。Wolfram Alpha 是一个知识计算引擎，能理解自然语言，进行数学计算、日期和单位转换、公式求解等。Wolfram Cloud 则可以进行复杂的计算，如数据分析、绘图、数据导入和信息检索。这个插件可以帮助用户解决复杂的物理学、数学和工程问题。

（1）选定 Wolfram 插件。

（2）输入需要解决的问题。

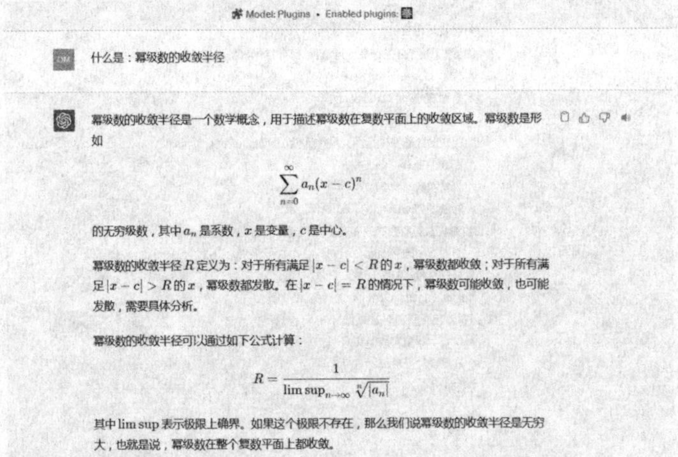

（3）如果用户需要图形，可以使用这个插件画出来。

OM　画出这个图像表示：Fourier级数的收敛性

Used Wolfram

下面是一个图形，展示了傅立叶级数的收敛性。在这个例子中，我们考虑了函数 $f(x) = \sin(x)$ 的傅立叶级数，并且只取了前三项。

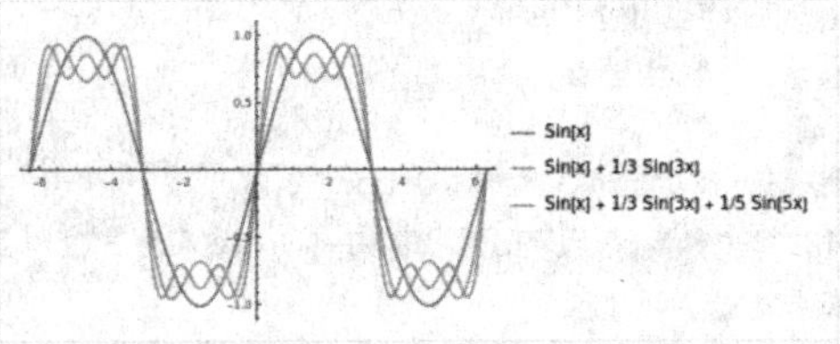

图中的三条曲线分别代表：

- 红色曲线：原函数 $f(x) = \sin(x)$
- 绿色曲线：傅立叶级数的前两项，即 $\sin(x) + \frac{1}{3}\sin(3x)$
- 蓝色曲线：傅立叶级数的前三项，即 $\sin(x) + \frac{1}{3}\sin(3x) + \frac{1}{5}\sin(5x)$

可以看到，随着傅立叶级数项数的增加，级数的和越来越接近原函数。这就是傅立叶级数的收敛性。

6. Ask Your PDF 插件应用演示

Ask Your PDF 插件的应用步骤如下。

（1）在 GPT-4 界面插件选项中勾选这个插件。

（2）在聊天界面输入“我要上传 PDF 文件”，GPT 便会显示上传步骤与上传 PDF 文件的链接。

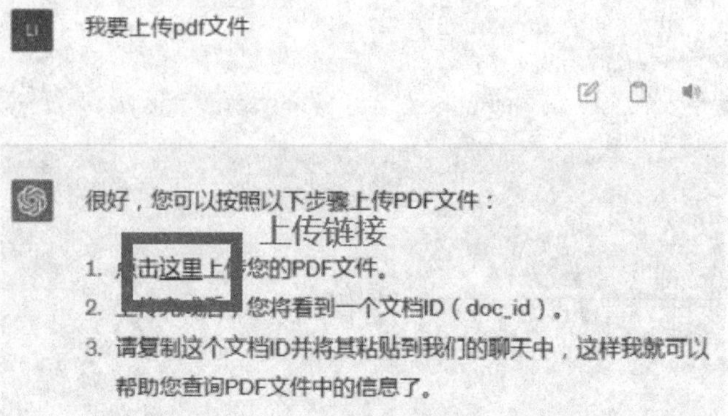

（3）用户点击链接之后，插件会跳出下图所示界面，用户可以继续点击“Upload Document Here”，上传 PDF 文件。

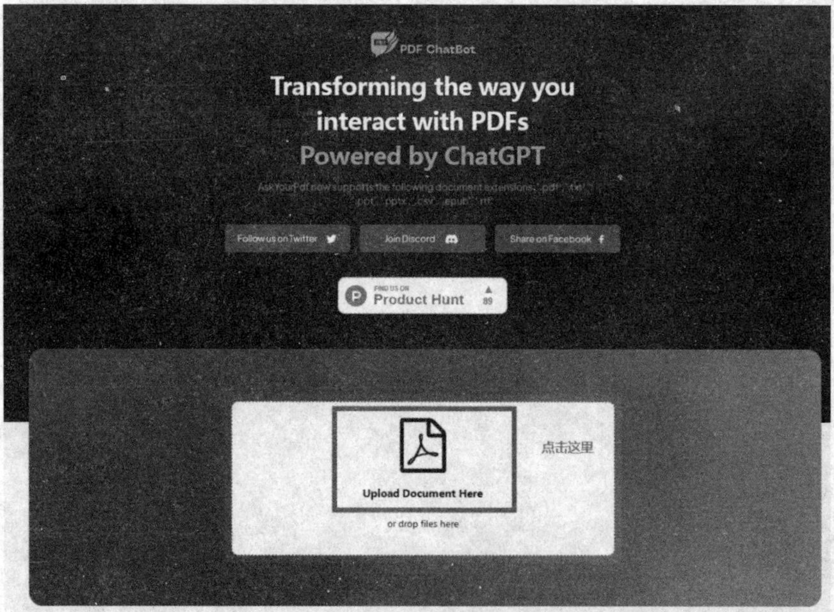

（4）上传成功后，插件会跳出下图所示链接，复制链接。

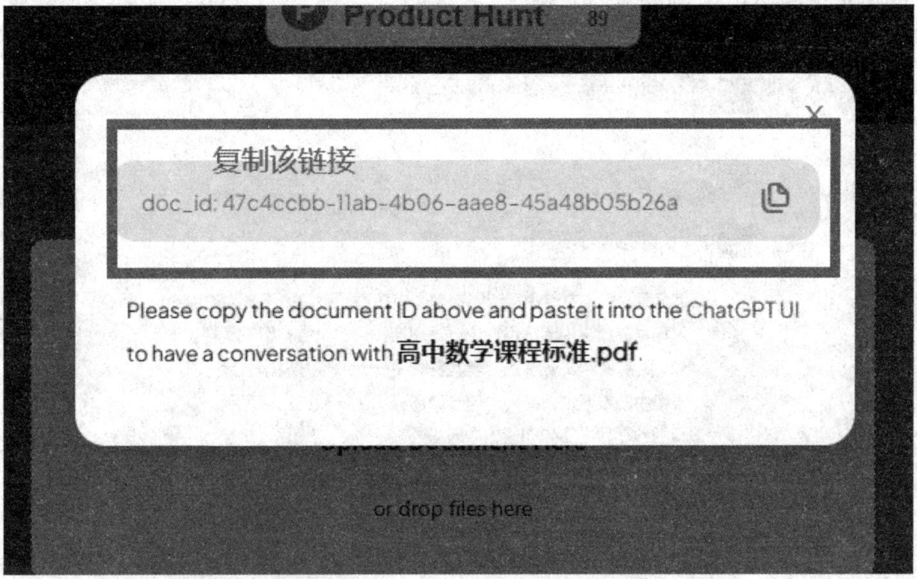

（5）将链接粘贴到 GPT 的对话窗口中，GPT 会提示用户 PDF 文件已上传成功，然后用户便可以提出关于这个 PDF 文件的任何问题了。

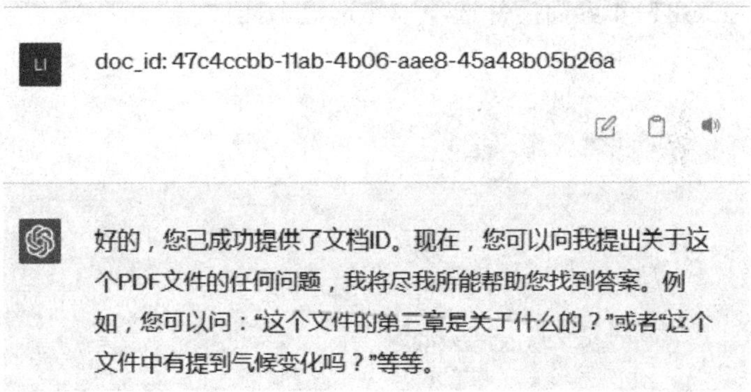

（6）例如，用户在对话框中输入“这个文件的第三章是关于什么的？”，便可以得到解答了。

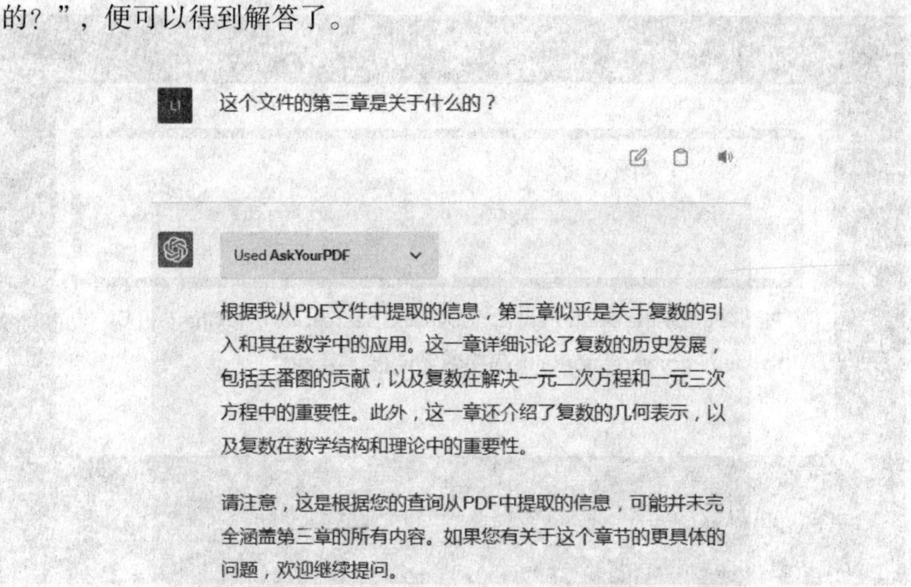

7. Show Me 插件应用演示

Show Me 插件的应用步骤如下。

（1）在 GPT-4 界面插件选项中勾选这个插件。

（2）在聊天界面输入需要得到的图表的文字描述，例如，绘制《西游记》中师徒四人的关系图。这个插件便会生成如下图所示的关系图。

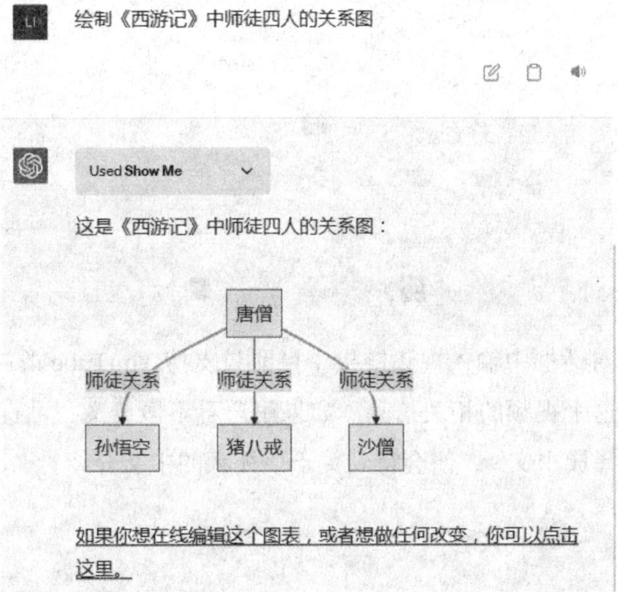

（3）如果用户想对生成的图表进行编辑，可按照提示操作。点击后，用户会得到下图所示界面，在该界面，用户可进行图表编辑工作。

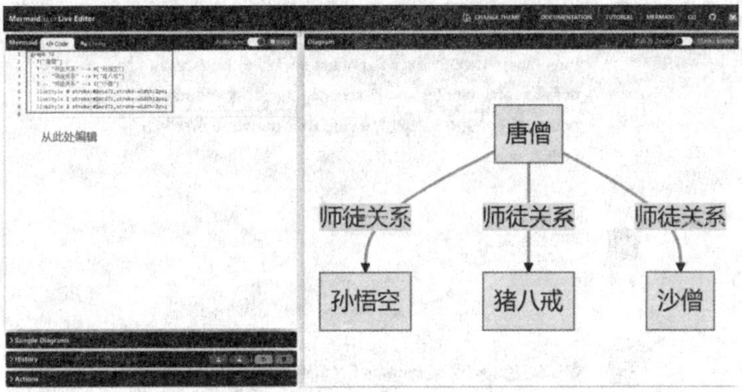

8. Video Insights 插件应用演示

Video Insights 插件的应用步骤如下。

（1）在 GPT-4 界面插件选项中勾选这个插件。

（2）在对话框中输入视频链接（目前只支持 YouTube 的视频），GPT 便会分析出这个视频的相关信息。如果用户看不懂英文，可直接在对话框中输入“翻译成中文”，便会得到关于该视频的中文介绍。

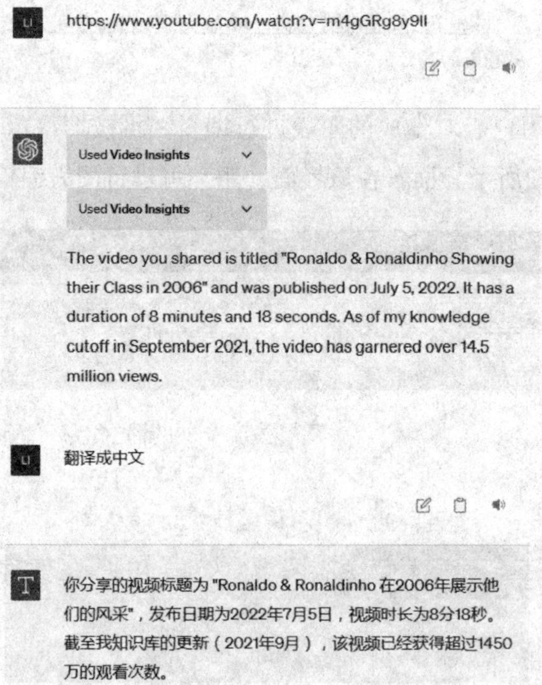

（3）在对话框中继续输入自己的需求，如“总结这个视频的要点，做成一个视频摘要”，GPT 便会对视频要点进行提炼。

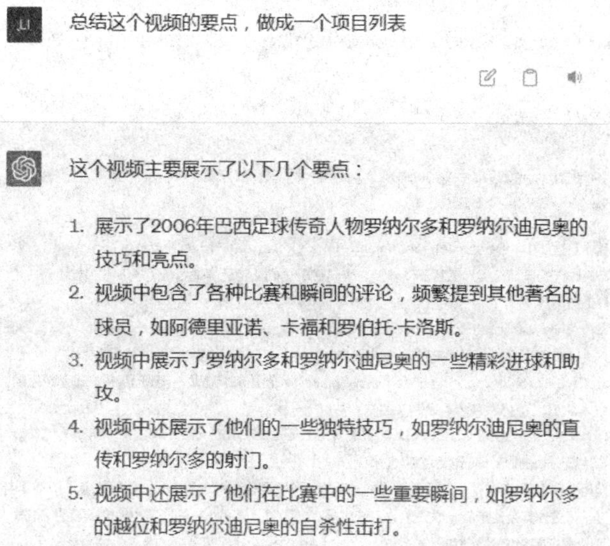

9. Speak 应用演示

（1）打开 ChatGPT，选择 GPT-4，勾选 Speak 插件。

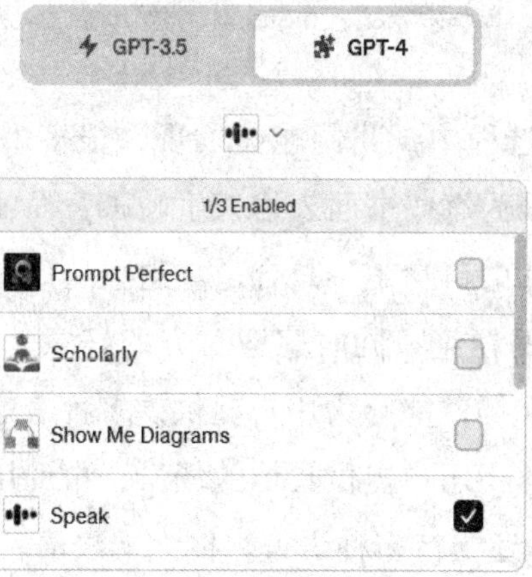

（2）该插件支持多种语言，用户可以使用自己熟悉的语言进行提问。

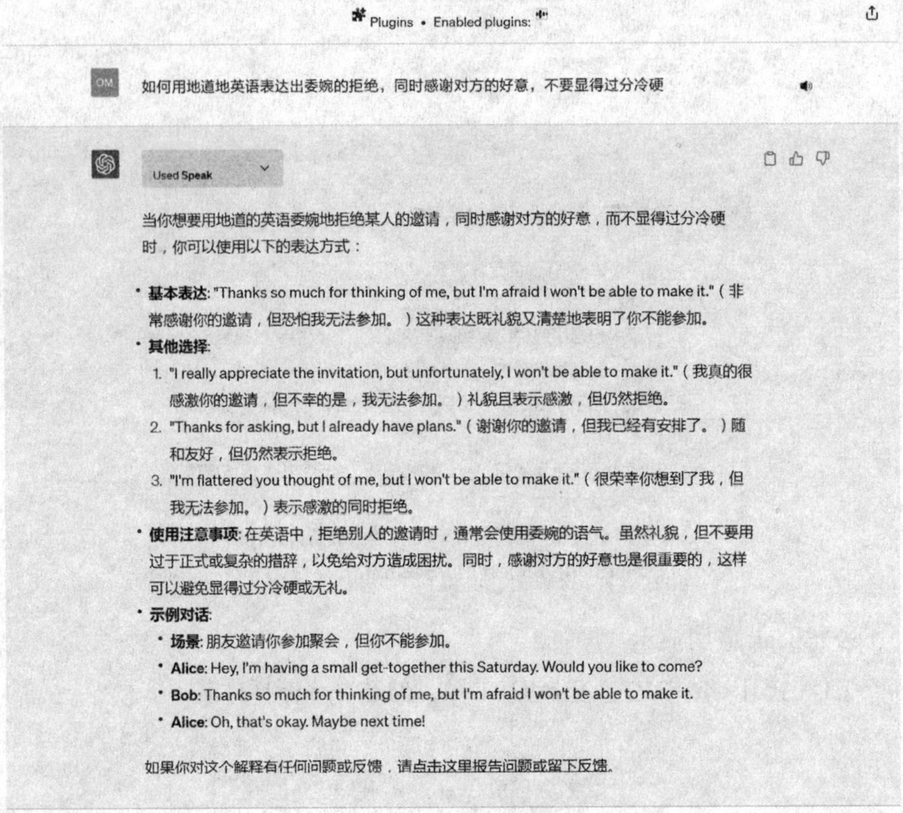
Plugins • Enabled plugins:

如何用地道地英语表达出委婉的拒绝，同时感谢对方的好意，不要显得过分冷硬

Used Speak

当你想要用地道的英语委婉地拒绝某人的邀请，同时感谢对方的好意，而不显得过分冷硬时，你可以使用以下的表达方式：

- **基本表达**: "Thanks so much for thinking of me, but I'm afraid I won't be able to make it."（非常感谢你的邀请，但恐怕我无法参加。）这种表达既礼貌又清楚地表明了你不能参加。
- **其他选择**:
  1. "I really appreciate the invitation, but unfortunately, I won't be able to make it."（我真的很感激你的邀请，但不幸的是，我无法参加。）礼貌且表示感激，但仍然拒绝。
  2. "Thanks for asking, but I already have plans."（谢谢你的邀请，但我已经有安排了。）随和友好，但仍然表示拒绝。
  3. "I'm flattered you thought of me, but I won't be able to make it."（很荣幸你想到了我，但我无法参加。）表示感激的同时拒绝。
- **使用注意事项**: 在英语中，拒绝别人的邀请时，通常会使用委婉的语气。虽然礼貌，但不要用过于正式或复杂的措辞，以免给对方造成困扰。同时，感谢对方的好意也是很重要的，这样可以避免显得过分冷硬或无礼。
- **示例对话**:
  - **场景**: 朋友邀请你参加聚会，但你不能参加。
  - **Alice**: Hey, I'm having a small get-together this Saturday. Would you like to come?
  - **Bob**: Thanks so much for thinking of me, but I'm afraid I won't be able to make it.
  - **Alice**: Oh, that's okay. Maybe next time!

如果你对这个解释有任何问题或反馈，请点击这里报告问题或留下反馈。

在学习语言的过程中，我们能够发现，很多书面的表达很难在日常生活中实际应用，因为有些书面表达太生硬了，而各国语言文化的差异让我们很难体会到说话的口吻是不是合适。这里选用的例子就是“如何用地道的英语表达委婉的拒绝，同时感谢对方的好意，不要显得过分冷硬”。ChatGPT 调用 Speak 插件能够为用户提供许多种表达方式，并注释话中所代表的口吻，还能够为用户提供具体的场景，帮助用户更好地理解。不只是英语，Speak 插件还支持多种语言，例如，法语。

Plugins • Enabled plugins:

如何用地道的法语表达出自己很需要帮助，但不要出现命令式语气

Used Speak

当你想用法语表达自己真的需要帮助，但又不想使用命令式语气时，你可以采用以下几种表达方式：

1. **友好的语气**：
   - **法语**：*Dis, j'ai vraiment besoin d'aide, est-ce que tu peux m'aider s'il te plaît ?*
   - **中文翻译**：说，我真的需要帮助，你能帮助我吗，请？
2. **随意的语气**：
   - **法语**：*Oh là là, j'en ai vraiment besoin d'aide, tu pourrais me donner un coup de main ?*
   - **中文翻译**：哎呀，我真的需要帮助，你能帮我一下吗？
3. **俚语的语气**：
   - **法语**：*Je suis dans la mouise, tu peux me donner un coup de pouce s'il te plaît ?*
   - **中文翻译**：我陷入困境了，你能帮我一下吗，请？
4. **情感的语气**：
   - **法语**：*Aide-moi, je t'en prie ! J'ai vraiment besoin de toi !*
   - **中文翻译**：帮助我，求你了！我真的需要你！

使用注意事项

在法语中，礼貌地表达需要帮助而不使用权威的语气非常重要。通常可以使用诸如"Est-ce que tu peux m'aider s'il te plaît ?"（你能帮助我吗，请？）或"Tu pourrais me donner un coup de main ?"（你能帮我一下吗？）等表达方式，以友好和非正式的方式寻求帮助。

示例对话

情境：戏剧性场景：爱丽丝在繁忙的城市迷路了，急需帮助。

爱丽丝：*Excusez-moi, je suis perdue. J'ai vraiment besoin d'aide, est-ce que vous pouvez me guider ?*（对不起，我迷路了。我真的需要帮助，你能指引我吗？）

陌生人：*Bien sûr, ne vous inquiétez pas. Je vais vous montrer le chemin.*（当然，别担心。我会告诉你路的。）

如果你对这个插件有任何问题或反馈，请点击这里。

10. WebPilot 应用演示

（1）打开 ChatGPT，选择 GPT-4，勾选 WebPilot 插件。

（2）提供一个网址，使该插件读取网址中的内容。

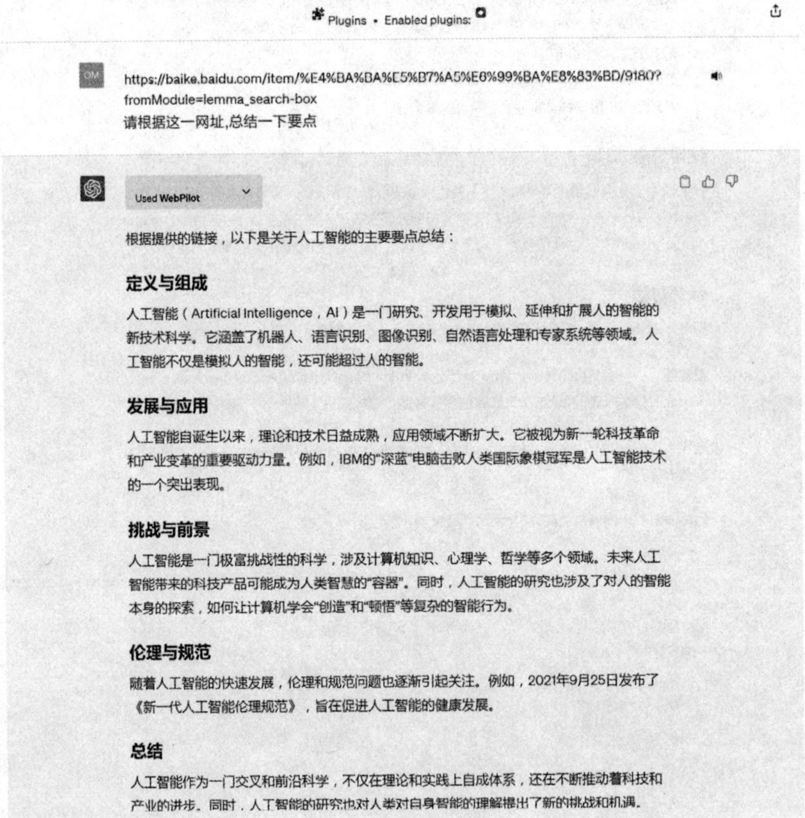

例如，上图提供的是“人工智能”的百度百科网址，可以看到 ChatGPT 调用 WebPilot 插件读取了网页的内容，并对网页内容进行了要点总结。

（3）如果觉得单纯提供要点还不够清楚，文本不直观，那么用户可以继续进行插件的组合使用，如将 WebPilot 插件和 Show Me Diagrams 插件组合，让 ChatGPT 直接将要点画成思维导图。具体操作过程如下所示。

先同时选中两个插件。

然后在插件中输入上述问题。

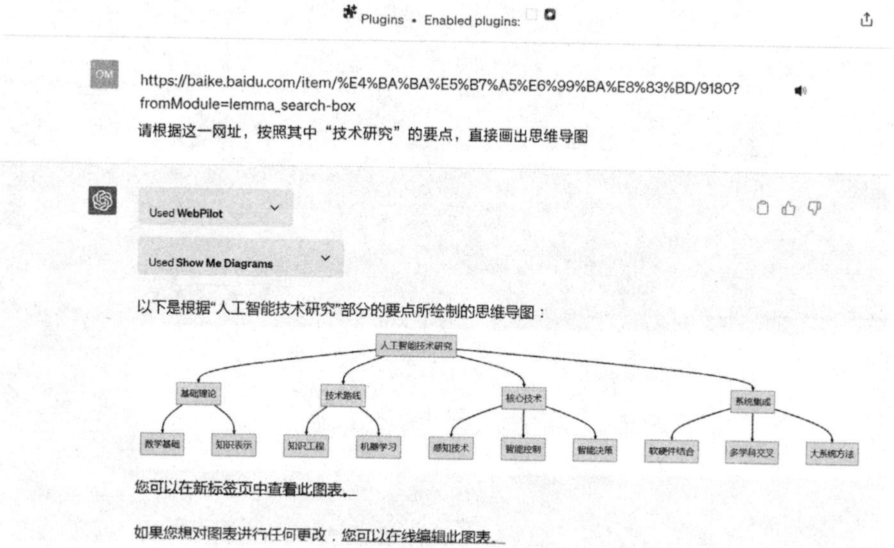

这里可以看到，ChatGPT 先调用 WebPilot 插件读取了“人工智能”百度百科的内容，然后对其进行了要点总结，最后调用 Show Me Diagrams 插件画出了思维导图。当然，这个思维导图的准确性取决于要点总结的准确性，如果用户觉得思维导图不够准确，还可以点击网页中的链接，自行进行对于思维导图的修改。

第 4 章

行业影响：ChatGPT 在企业与创新中的角色

本章主要探讨了 ChatGPT 在企业和创新中的角色。人工智能技术的快速发展，使得企业面临前所未有的机遇和挑战。ChatGPT 作为一种自然语言处理技术，可以在企业流程重塑、降低创新门槛、跨界合作和聚焦人类需求等方面发挥重要作用。同时，开源与共享等方面的探讨也为 ChatGPT 在企业和创新中的应用提供了新的思路和方法。在未来，ChatGPT 将继续在各行各业中发挥其独特的作用，推动人工智能技术的进一步发展和应用。

4.1 重塑企业流程

在现代商业环境下，人工智能技术正在对企业流程进行重塑。通过数据驱动的决策支持、自动化的财务和人力资源管理，以及智能化的市场营销和销售助手等手段，企业可以更加高效、精准、智能地运营。同时，AI 辅助研发和设计、创业与创新生态，以及持续学习和技能提升也为企业提供了更多创新和发展的机会。通过人工智能技术的应用，企业可以降低成本、提高效率、增强竞争力，并适应快速变化的市场需求。然而，在这个过程中，需要注意人工智能技术的合规性、可持续性和社会责任，以确保人工智能技术的应用能够切实为企业和社会创造价值。

4.1.1 企业决策与管理

在企业决策和管理方面，人工智能技术发挥着越来越重要的作用。其中，数据驱动的决策支持是一项关键技术。通过对企业数据的挖掘和分析，人工智能系统可以生成可靠的数据报告和分析结果，为企业管理者提供决策支持和参考。这可以帮助企业更好地了解自身的运营情况和市场环境，优化资源配置和运营策略。

预测分析与风险控制也是企业管理中不可或缺的人工智能技术应用领域。通过预测分析，企业可以更好地把握市场趋势和未来发展方向，从而做出更为精准的决策。而风险控制可以帮助企业及时发现并处理各种风险，降低企业经营风险。人工智能技术可以通过挖掘和分析大量数据，识别和预测可能存在的风险和机会，从而为企业决策和风险控制提供支持。

企业知识管理与协同也是企业管理中的一个重要方面。人工智能技术可以通过知识图谱、智能搜索等技术手段，帮助企业高效管理和利用知识资源，提高企业的创新能力和竞争力。同时，人工智能技术也可以实现企业协同管理，通过智能化的协同平台和工具，实现员工之间的信息共享和协作，提高团队协同效率和工作效率。

4.1.1.1 数据驱动的决策支持

在当今快速发展的商业环境下，数据驱动决策已经成为企业管理中的一项重要策略。借助人工智能技术，企业可以更有效地收集、处理和分析大量的数据，从而提高决策的质量和准确性。人工智能技术可以通过多种方式为企业提供数据驱动的决策支持，下面将对几种常见的方式进行探讨。

人工智能技术可以利用机器学习算法对企业数据进行分析，从而发现数据中的模式和趋势，并为企业提供预测和建议。

人工智能技术可以利用自然语言处理和情感分析技术，对企业内部与外部的言论和反馈进行分析和处理。

人工智能技术还可以通过智能搜索和知识图谱等技术手段，为企业提供数据驱动的决策支持。在未来，随着人工智能技术的不断发展和应用，企业将会更加依赖数据驱动决策，人工智能技术也将在企业决策和管理中发挥更为重要的作用。

4.1.1.2 预测分析与风险控制

在企业决策和管理中，预测分析和风险控制是至关重要的。人工智能技术可以通过数据挖掘、机器学习和深度学习等技术，对大量数据进行分析和预测，帮助企业决策者更好地理解市场趋势、客户需求和行业变化。这可以帮助企业做出更准确的决策，降低市场风险和决策风险，提高企业的竞争力和盈利能力。

预测分析和风险控制也可以帮助企业更好地应对突发事件和危机。通过对历史数据和趋势的分析，人工智能技术可以帮助企业预测和识别潜在的风险因素，并采取相应的预防和控制措施。这可以帮助企业及时发现和解决潜在的问题，减少损失。

人工智能技术也可以帮助企业优化风险管理和控制流程。通过自动化风险评估和监控，人工智能技术可以帮助企业更好地掌握风险状况和变化趋势，并及时采取相应的措施。这可以提高企业风险管理和控制的效率与准确性，减少由风险导致的损失和影响。

4.1.1.3 企业知识管理与协同

在企业管理中，知识管理和协同工作是非常重要的，因为企业的竞争力和创新能力能够提升取决于其能否更好地管理和利用知识资源，并实现团队的协作。而人工智能技术为企业的知识管理和协同工作提供了很好的解决方案。

人工智能技术可以通过知识图谱实现企业知识管理的智能化。知识图谱是一种基于图形数据模型的知识表示方法，可以将企业的知识资源进行可视化、可控制和可交互的处理，实现知识的高效管理和利用。通过知识图谱，企业可以将知识资源转化为可视化的图形信息，实现知识的可视化和可交互性，提高知识的利用效率和价值。

人工智能技术也可以通过智能搜索实现企业知识管理的智能化。智能搜索是一种利用自然语言处理、机器学习等技术，对企业的知识资源进行智能化搜索和分类的方法。通过智能搜索，企业可以快速定位和获取所需的知识资源，提高知识的获取效率和准确性。

人工智能技术还可以实现企业的协同管理。通过智能化的协同平台和工具，企业可以实现员工之间的信息共享和协作，提高团队协同效率和工作效率。

人工智能技术在企业知识管理和协同工作方面具有很大的潜力，可以帮助企业更好地管理和利用知识资源，提高企业的创新能力和竞争力。

4.1.2 财务与人力资源

财务与人力资源是企业管理中不可或缺的两个方面，而人工智能技术在这些方面发挥着越来越重要的作用。

4.1.2.1 自动化报表与数据分析

财务部门是企业管理中较为重要的部门之一，而财务报表的准确性和及时性对企业的决策和运营也有着至关重要的影响。人工智能技术可以通过自动化报表和数据分析的方式，帮助企业实现对于财务数据的及时和准确处理，降低出错率和人为干扰。同时，人工智能技术还可以通过智能化的数据分析和预测，帮助企业实现财务风险的预警和管理，提高财务决策的精度和效率。

4.1.2.2 人才招聘与评估

人力资源是企业管理中的另一个重要方面，而人才招聘和评估是人力资源管理中的核心环节。人工智能技术可以通过智能化的人才招聘和评估工具，帮助企业实现高效、智能化的人才招聘和管理。例如，人工智能可以通过自然语言处理和机器学习技术，快速地筛选和分析海量的简历，为企业提供适合的候选人。同时，人工智能技术还可以通过自动化的人才评估和分析，帮助企业更加客观和全面地了解员工的绩效和能力，提高人才管理的效率和精度。

在人才招聘和评估方面，人工智能技术可以通过智能化的招聘流程和面试评估工具，实现对人才的智能化筛选和评估。企业可以通过智能化的人才招聘平台，实现对候选人的自动化筛选和匹配，避免招聘过程中的人为干扰。

4.1.2.3 薪酬与福利管理

薪酬与福利管理也是企业管理中的一个重要方面，而人工智能技术可以在这个方面发挥重要的作用。人工智能可以通过智能化的薪酬管理和福利管理工具，帮助企业实现更加公平和合理的薪酬和福利分配，提高员工的满意度和忠诚度。例如，人工智能可以通过智能化的薪酬分析和预测，为企业提供更加客观和科学的薪酬方案，避免薪酬分配的主观性和不公平性。同时，人工智能技术还可以通过智能化的福利管理和员工关怀，提高员工的福利满意度和身心健康水平，进一步提升企业的人力资源管理效率和员工的幸福感。

在薪酬管理方面，人工智能技术可以通过大数据分析和机器学习等技术手段，实现对于薪酬数据的自动化处理和分析。人工智能技术还可以通过薪酬预测和分析，帮助企业制定更加科学和合理的薪酬标准和方案，提高员工的工作积极性和生产效率。

在福利管理方面，人工智能技术可以通过智能化的员工关怀和健康管理工具，实现对员工身心健康的全方位监测和管理。此外，人工智能技术还可以通过智能化的员工福利管理系统，帮助企业实现更加公平和合理的福利分配，提高员工的福利满意度和忠诚度。

人工智能技术在财务与人力资源方面的应用和发展，将为企业带来更高效和更合理的管理和服务，进一步提升企业的管理水平和员工的幸福感。

4.1.3 市场营销

市场营销是企业管理中的一个重要方面，它直接关系到企业的业绩和发展。而人工智能技术可以在这个方面发挥重要的作用。

4.1.3.1 客户关系管理

客户关系管理是企业市场营销中的一个重要环节，它可以帮助企业更好地了解客户需求，提高客户满意度和忠诚度。人工智能技术可以通过智能化的客户关系管理工具，帮助企业维护与客户的关系，提高客户的忠诚度和信任度。例如，人工智能可以通过智能化的客户分析和预测，为企业提供更加客观和科学的客户需求，帮助企业更好地把握市场趋势和客户需求。

人工智能技术还可以通过智能化的客户服务，提高客户的满意度和忠诚度。例如，人工智能可以通过智能化的客户服务工具，提供自动化的客户服务和问题解决方式，提高客户的满意度和忠诚度。

4.1.3.2 内容生成与营销策略

内容生成和营销策略是企业市场营销中的重要环节。人工智能技术可以通过智能化的内容生成和营销策略工具，帮助企业更好地把握市场需求和趋势，提高营销效果和销售业绩。例如，人工智能可以通过智能化的数据分析和预测，为企业提供更加客观和科学的营销策略，帮助企业更好地把握市场趋势和客户需求。

人工智能技术还可以通过智能化的内容生成工具，帮助企业更加快速地生成高质量的营销内容。例如，人工智能可以通过智能化的内容生成工具，自动化地生成营销文案和素材，提高营销效率和质量。

4.1.3.3 智能销售助手与分析工具

智能销售助手和分析工具是企业销售中的重要因素。人工智能技术可以通过智能化的销售助手和分析工具，帮助企业更好地了解客户需求，提高销售业绩和客户满意度。例如，人工智能可以通过智能化的销售助手，为销售人员提供更加客观和科学的销售建议，使得销售过程更加高效精准。

智能销售助手可以帮助企业实现以下几个方面的功能。

第一，客户数据分析。通过对客户数据进行深入分析，智能销售助手可以帮助企业发现客户的潜在需求、购买习惯和消费偏好。基于这些信息，销售人员可以更有针对性地推荐产品和服务，从而提高客户的购买意向和忠诚度。

第二，销售预测。通过大数据和机器学习技术，智能销售助手可以对企业的销售趋势进行预测，为企业的销售决策提供有力支持。此外，智能销售助手还可以帮助企业实时监控销售情况，如果发现异常数据，及时做出调整，从而降低风险并提高销售效益。

第三，销售策略优化。智能销售助手可以通过对历史销售数据的分析，发现销售策略中的不足之处。基于这些信息，企业可以调整销售策略，进一步提高销售业绩。

第四，客户关系管理。智能销售助手可以帮助企业更有效地维护与客户的关系，提高客户满意度。通过智能化的客户跟踪、信息记录和问题处理，企业可以为客户提供更加高效、专业和贴心的服务，从而获得更高的客户满意度。

第五，销售培训。智能销售助手还可以作为销售人员的辅导和培训工具。通过与销售人员的互动，智能销售助手可以提供实时的建议和指导，帮助销售人员提高自己的业务能力和专业素养。

智能销售助手和分析工具在企业销售中扮演着重要角色。人工智能技术的应用可以帮助企业更好地了解客户需求、提高销售业绩和客户满意度。随着人工智能技术的不断发展和完善，未来智能销售助手将在企业销售领域发挥更加重要的作用。

4.2　降低创新门槛

创新是推动社会进步和经济发展的重要驱动力，但创新过程往往需要投入大量的人力、物力和财力，同时需要具备一定的技术和知识储备。这导致创新门槛高，对于许多创业者和中小企业来说，创新似乎成了一件艰难的事情。然而，人工智能技术的快速发展，正在为创新领域带来新的机遇和变革。本节将从三个方面探讨如何利用人工智能技术降低创新门槛。

4.2.1 智能化的研发与设计

人工智能技术可以帮助企业在研发和设计阶段提高效率、降低成本和提高创新能力。其主要内容如下。

4.2.1.1 自动化知识发现与创新

在当今日新月异的时代，科技的不断发展为企业提供了更多机遇和可能性。其中，人工智能技术的应用为企业研发和创新提供了更多方向，如利用人工智能技术进行自动化知识发现和创新。自动化知识发现是指通过挖掘文本、图像、语音等数据，自动化地从中发现新的知识和规律。人工智能技术可以利用自然语言处理、机器学习、深度学习等技术，实现自动化的知识发现和创新。

通过机器学习技术，企业可以自动从大量的专利、论文、新闻等数据中挖掘新的技术趋势和市场机会，从而为自身的研发和创新提供有力支持。例如，一家制造业企业正在开发一种新型机器人，但不确定该机器人应该具备哪些功能和特性。此时，这家企业可以利用人工智能技术，自动从大量的相关专利和论文中挖掘新的技术趋势和应用场景，从而为该机器人的研发和设计提供灵感和方向。

人工智能技术还可以通过自然语言处理技术和机器学习技术，对不同领域的知识进行自动化的分类和整理。例如，在医疗领域，企业可以利用人工智能技术，自动从大量的医学文献中挖掘新的疾病预防和治疗方法，并通过自然语言处理技术对这些知识进行分类和整理，从而为医疗领域的创新提供有力支持。

除了对已有知识进行挖掘和整理外，人工智能技术还可以通过生成式模型，自动化地生成新的创新点和研究思路。例如，在新药研发领域，企业可以利用深度学习技术，自动生成新的化合物结构，从而为新药的研发提供新的方向和灵感。

4.2.1.2 产品设计与原型构建

在企业的产品设计和研发中，精准度和效率是非常关键的，因为它们决定了企业能否成功地满足用户需求和快速占领市场。而人工智能技术，尤其是深度学习技术和大数据技术的应用，可以帮助企业更快速更精准地进行产品设计和原型构建，从而提高企业的创新能力和市场竞争力。

企业可以利用深度学习技术，自动化地生成多种不同的设计方案。这些方案可以涵盖不同的需求和用户使用场景，从而为企业提供更加全面、多样化的设计思路。此外，企业还可以利用虚拟现实技术对这些设计方案进行展示和评估。通过虚拟现实技术，设计师可以更加直观地了解不同设计方案的优缺点，从而快速选择出最佳的设计方案。

人工智能技术也可以利用大数据和机器学习技术，对产品进行智能化的优化和改进。通过收集和分析大量的用户数据和产品使用数据，企业可以了解用户的真实需求和使用体验，并根据这些数据智能化地对产品进行优化和改进。例如，在智能家居领域，企业可以利用机器学习技术，分析用户的家居习惯和使用行为，从而为用户提供更加个性化、智能化的家居产品和服务。

人工智能技术还可以为企业提供更加高效、智能化的产品测试和验证方法。通过利用机器学习技术，企业可以进一步对产品进行测试和验证，并根据测试结果智能化地对产品进行优化和改进。例如，在汽车制造领域，企业可以利用机器学习技术，自动化地对汽车的安全性能和驾驶体验进行测试和评估，从而为汽车制造领域提供更加高效、精准的测试和验证方法。

4.2.1.3 跨学科研究与协同创新

人工智能技术可以帮助企业打破传统的学科界限，促进不同学科领域的交叉和融合。例如，企业可以利用自然语言处理和机器学习技术，从不同学科领域的文献中挖掘新的研究思路和创新点。此外，人工智能技术还可以通过数据挖掘和协同过滤技术，发现不同研究领域之间的联系和共性，促进不同学科之间的合作和创新。

4.2.2 创业与创新生态

除了在研发和设计阶段帮助企业降低创新门槛外，人工智能技术还可以通过建立创业和创新生态系统，为创新者提供更加便捷、高效的创新支持和资源。

4.2.2.1 AI 驱动的创业机会

人工智能技术正在成为新一轮的产业革命的重要推动力量，同时带来了新的创业机遇。例如，企业可以利用人工智能技术，开发出智能家居、智能医疗等领域的创新产品和服务。此外，人工智能技术也为企业提供了更加高效的运营和管理方式，从而降低了创业的门槛。

4.2.2.2 创新孵化器与加速器

创新孵化器和加速器是促进创业和创新的重要组成部分，而人工智能技术可以为这些组织提供更加高效、精准的创新支持和服务。例如，创新孵化器和加速器可以利用人工智能技术，自动化地进行项目筛选、风险评估和资金匹配，从而提高创业成功率和投资回报率。

4.2.2.3 人工智能政策与支持措施

为了促进人工智能技术在创新领域的应用和发展，政府需要制定一系列支持政策和措施。例如，政府可以通过资金支持、税收减免、技术培训等方式，为企业提供更加全面、系统的人工智能创新支持。

4.2.3 持续学习与技能提升

人工智能技术可以为创新者提供持续学习和技能提升的机会，进一步降低创新门槛。

4.2.3.1 在线教育与培训资源

人工智能技术可以为创新者提供更加丰富、高效的在线教育和培训资源。例如，企业可以利用人工智能技术，开发出基于自然语言处理和机器学习技术的智能化在线教育系统，为创新者提供更加个性化、更具针对性的学习内容和学习路径。这些系统可以根据学习者的学习状态和兴趣，智能地推荐适合的课程和教材，同时可以通过自然语言处理技术和人工智能助手，提供实时的答疑和指导服务。

4.2.3.2 个性化学习路径与成果

人工智能技术可以根据学习者的学习状态和表现，智能地调整学习路径和提供个性化的学习支持。例如，人工智能技术可以利用机器学习技术，对学习者的学习状态进行分析和评估，从而根据不同学习者的特点和需求，提供更加个性化的学习内容和学习方式。此外，人工智能技术还可以通过智能化的考试和评估系统，自动化地评估学习者的学习成果和表现，为学习者提供更加精准的学习反馈。

4.2.3.3 人工智能教育平台与社区

人工智能技术可以为创新者提供更加高效、便捷的教育平台和社区支持。例如，企业可以利用人工智能技术，开发出基于自然语言处理和机器学习技术的在线教育平台和社区，为创新者提供更加丰富、高质量的学习资源。这些平台和社区可以汇集多种学习和交流工具，如在线教学、虚拟实验室、智能问答，为学习者提供全面、多样化的学习和交流体验。

人工智能技术可以为创新领域带来新的机遇和变革，帮助企业降低创新门槛，提高创新效率和创新能力。通过智能化的研发与设计、创业与创新生态、持续学习与技能提升，企业可以更好地应对市场的变化和挑战，实现可持续的创新和发展。随着人工智能技术的不断发展和完善，未来的创新路径将会更加丰富和多样化。

4.3 跨界合作：人工智能与其他领域的融合

随着人工智能技术的发展，越来越多的企业意识到人工智能与其他领域融合带来的巨大潜力。在此背景下，跨界合作成为一个热门话题。跨界合作不仅可以为企业带来更多的市场机会和创新方向，还可以推动不同领域之间的交流和合作，加速技术的进步和发展。

4.3.1 AI 和生物医学

在当今世界，人工智能技术已经被广泛应用于生物医学领域，它的潜力和发展前景也日益被人们所认识和关注。从疾病的预防、诊断、治疗到药物研发，人工智能技术正在深刻地改变生物医学领域的研究和实践。本部分将从以下几个方面探讨人工智能技术与生物医学领域的融合。

4.3.1.1 基因组学与蛋白质折叠

基因组学是研究基因组结构、功能和演化的学科，而蛋白质折叠是蛋白质（图 4-1）获得其功能性结构和构象的过程。这两个因素都是生物学研究的重要组成部分，而人工智能技术的应用可以帮助研究人员更好地理解和解决相关问题。

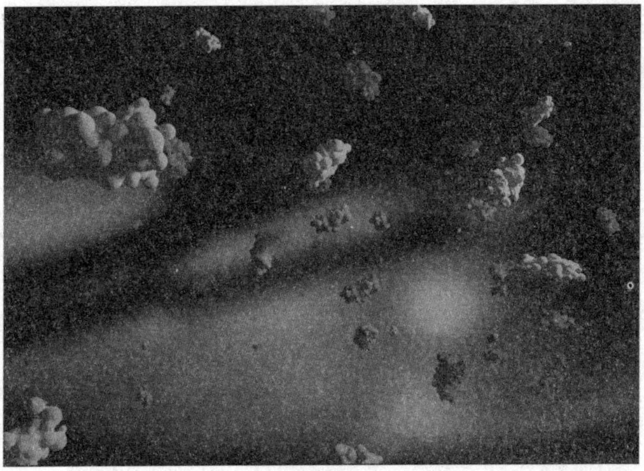

图 4–1　蛋白质模型

在基因组学领域，人工智能技术可以帮助研究人员更好地理解和分析基因组数据。例如，人工智能技术可以利用机器学习技术，对基因组序列进行分析和注释，从而帮助研究人员确定基因的功能和结构。此外，人工智能技术还可以帮助研究人员预测基因之间的相互作用和调控关系，从而使研究人员更好地理解基因组的整体结构和功能。

蛋白质折叠是研究蛋白质结构和功能的重要领域，而人工智能技术的应用可以帮助研究人员更好地理解蛋白质折叠。例如，人工智能技术可以利用机器学习和深度学习技术，从已知的蛋白质结构中预测新的蛋白质结构，从而帮助研究人员更好地理解蛋白质的结构和功能。此外，人工智能技术还可以帮助研究人员预测蛋白质的稳定性和互动性，从而为药物研发和生物工程等领域提供有力支持。

随着人工智能技术的不断发展，它将在基因组学和蛋白质折叠相关研究领域发挥越来越重要的作用。在未来，人工智能技术将帮助研究人员更好地理解和解决基因组学和蛋白质折叠领域的问题，从而推动这些领域的快速发展。

在基因组学领域，未来的发展方向包括更精准的基因组分析和诊断、基因编辑技术的发展和应用，以及人类基因组计划的推进等。而在蛋白质折叠领域，未来的发展方向包括深入研究和理解蛋白质结构和功能、开发更精准的治疗方案，以及开发更高效的生物制造技术等。

然而，人工智能技术的应用也带来了一些挑战。例如，在基因组学领域，由于基因数据的复杂性和隐私性，人工智能技术的应用面临数据安全和隐私保护的问题。在蛋白质折叠领域，虽然人工智能技术已经取得了一定的成果，但蛋白质折叠的过程仍然比较复杂，需要更深入的研究。

未来的发展需要跨学科合作，以便更好地整合和应用不同学科领域的知识和技术。生物医学领域需要从不同学科中汲取营养，发挥学科交叉的优势，促进不同领域的合作和创新。只有这样，才能更好地推动人工智能技术在生物医学领域的应用和发展，为人类的健康和福祉做出更大的贡献。

4.3.1.2 药物发现与临床试验

药物发现和临床试验是生物医学领域中非常重要的环节，也是人工智能技术在该领域应用较为广泛的两个方向。随着人工智能技术的不断发展和应用，它也为药物发现和临床试验带来了更多的可能性和支持。

药物发现是一个复杂而耗时的过程，研究人员需要通过大量的实验才能发现潜在的药物分子。而利用人工智能技术，可以通过大量的数据和模型预测和筛选药物分子，从而提高筛选的效率和准确性。例如，人工智能技术可以通过机器学习和深度学习技术，对大量的药物分子进行分析和模拟，从而快速预测药物分子的性质和效果。同时，人工智能技术还可以对已有的药物分子进行修改和优化，从而提高药物的疗效和减少副作用。

临床试验是测试新药物的安全性和有效性的过程，也是药物研发中非常重要的环节。然而，临床试验的过程十分复杂，需要投入大量的时间、人力和物力。而利用人工智能技术，可以对临床试验中的数据进行分析和模拟，从而更加精准地预测新药物的疗效和副作用。此外，人工智能技术还可以帮助研究人员更好地设计临床试验方案，从而提高试验的效率和准确性。

随着人工智能技术的不断发展和应用，它将在药物发现和临床试验领域发挥越来越重要的作用。在未来，人工智能技术将帮助研究人员更好地理解和解决药物发现和临床试验领域的问题，从而推动这些领域的快速发展。

在药物发现领域，未来的发展方向包括更高效的药物筛选和优化、更加精准的药物设计和定制化药物的开发等。而在临床试验领域，未来的发展方向主要包括更加智能化和个性化的临床试验设计和管理，以及更加全面和准确的临床数据分析和预测。

人工智能技术在药物发现和临床试验领域的应用也会面对一些挑战。例如，药物分子的复杂性和多样性，以及临床试验中的人体因素等都是目前需要解决的问题。因此，人们需要不断地加强对于人工智能技术的研究力度，从而更好地应对这些挑战。

人工智能技术在生物医学领域的应用已经取得了一些成果，但是仍然需要不断创新和发展，以更好地服务于人类健康事业。随着人工智能技术的不断进步，它将在生物医学领域发挥越来越重要的作用，为人类的健康事业做出更大的贡献。

4.3.1.3 个性化医疗与预防保健

个性化医疗和预防保健是当今生物医学领域的热门话题，也是人工智能技术在该领域应用的重要方向。随着人工智能技术的不断发展和应用，它也为个性化医疗和预防保健带来了更多的可能性和支持。

个性化医疗是一种基于个体基因、生理状态、生活习惯等多方面因素的医疗方式，可以更好地满足患者的特定需求。而利用人工智能技术，可以对患者的个体数据进行分析和建模，从而实现更加精准的诊断和治疗。例如，人工智能技术可以通过深度学习技术，对患者的医学图像进行分析和诊断，从而提高诊断的准确性和效率。同时，人工智能技术还可以根据患者的基因数据和生理状态等因素，对药物治疗方案进行个性化定制和优化，从而提高治疗效果和减少副作用。

预防保健是一种基于个体生活方式和健康状况等多方面因素的健康管理方式，可以帮助人们更好地预防疾病和保持健康。而利用人工智能技术，可以对人们的生活习惯、饮食偏好、运动习惯等多方面因素进行分析和建模，从而为人们提供更加个性化和有效的健康管理方案。例如，人工智能技术可以通过机器学习技术，对人们的运动数据进行分析和预测，从而提供更加精准的运动建议和方案。同时，人工智能技术还可以对人们的饮食数据进行分析和优化，从而提供更加健康的饮食建议和方案。

随着人工智能技术的不断发展和应用，它将在个性化医疗和预防保健领域发挥越来越重要的作用。在未来，人工智能技术将帮助医生更好地理解和解决个体健康管理和疾病治疗领域的问题，从而实现更加精准的医疗服务和健康管理。同时，人工智能技术还将为患者提供更加便利和高效的医疗服务和健康管理方案。

人工智能技术在个性化医疗和预防保健领域也面临一些挑战。例如，个人隐私保护和数据安全等问题是目前需要解决的问题。因此，在未来的发展中，人们需要在技术研发和应用方面制定标准，从而更好地保护个人的隐私和数据安全。

4.3.2 AI 和能源与环境

4.3.2.1 智能电网与能源管理

随着全球经济的发展和人口的增长，对能源需求的不断增加已经成为世界各国面临的共性问题。而人工智能技术在能源管理领域的应用，可以提高能源的利用效率和管理水平，从而降低能源消耗和减轻环境污染。智能电网是其中一个重要的应用领域。

智能电网利用物联网、大数据、人工智能等技术，实现对电力系统的智能化管理和控制。通过对电力系统的实时监测和数据分析，智能电网可以实现对电力系统的智能调度和管理，从而提高能源利用效率和降低能源消耗。例如，智能电网可以根据不同地区的能源需求和可再生能源，对电力系统进行精准的调度和管理，从而降低能源消耗和减轻环境污染。

4.3.2.2 气候模型与环境监测

全球气候变化的加剧，使得环境污染和资源消耗问题日益突出。而人工智能技术在气候模型和环境监测方面的应用，可以提高气候预测和环境监测的精准度和效率，从而更好地保护环境和资源。

气候模型是对全球气候变化趋势和变化原因的预测手段，是应对气候变化的重要手段。而利用人工智能技术，可以更加精准地预测气候变化趋势和原因，从而提高对气候变化的预测和预警能力。例如，人工智能技术可以通过机器学习技术，对海洋和大气数据进行分析和建模，从而更加精准地预测气候变化趋势。

环境监测是对环境污染和资源消耗情况的实时监测和评估，是保护环境和资源的重要手段。而利用人工智能技术，可以更加高效地进行环境监测和评估。例如，人工智能技术可以通过物联网和大数据技术，对环境数据进行实时监测和分析，从而更加精准地评估环境污染和资源消耗情况。

4.3.2.3 可持续发展与循环经济

可持续发展和循环经济是全球经济和社会发展的重要方向，也是应对资源和环境问题的重要途径。而人工智能技术在可持续发展和循环经济方面的应用，可以提高资源利用效率和管理水平，从而实现可持续发展和循环经济的目标。

可持续发展是指在满足当前需求的同时，不破坏自然环境并满足未来需求的发展模式。而人工智能技术在可持续发展方面的应用，可以提高资源利用效率和管理水平。例如，人工智能技术可以通过机器学习和数据分析技术，对水、土地等资源进行有效管理和利用，从而实现对于资源的可持续利用和保护。

循环经济是指在资源利用过程中，通过循环利用、节约和再生利用，最大限度地减少资源消耗和环境污染。而利用人工智能技术，可以实现符合循环经济理念的智能化管理和控制。例如，人工智能技术可以通过物联网、大数据实现废弃物的智能分类和回收利用，从而实现资源的最大化利用和减少环境污染。

人工智能技术在能源、环境和资源管理等方面的应用，将为全球可持续发展和循环经济的实现提供重要支持和保障。通过不断推动人工智能技术的创新和发展，我们可以更加有效地保护环境、节约资源，实现可持续发展和循环经济的目标。

4.3.3 AI 和艺术与文化

随着人工智能技术的不断发展和应用，它将在艺术与文化领域发挥越来越重要的作用。人工智能技术不仅能够帮助文艺工作者更好地发掘创意，还能够为文化遗产保护和数字化、虚拟现实和增强现实体验等方面提供支持。

4.3.3.1 计算创意与艺术创作

计算创意是指运用计算机技术和人工智能技术，辅助艺术家和设计师产生创意。例如，艺术家可以通过机器学习技术，对大量的艺术作品进行分析和学习，从而提高自己的艺术创作能力。此外，人工智能技术还可以为艺术家提供更多的创意和设计灵感，从而促进艺术作品的创新。

4.3.3.2 文化遗产保护与数字化

文化遗产保护是指对历史文化遗产的保护和传承。而人工智能技术在文化遗产保护领域的应用，主要包括文物的数字化、保护、修复和重建等方面。例如，人们可利用人工智能技术，对文物进行三维扫描，从而实现文物的永久保存和传承。此外，人工智能技术还可以通过虚拟现实和增强现实技术，为文化遗产保护和展示提供有效的方式。

4.3.3.3 虚拟现实与增强现实体验

虚拟现实和增强现实是指通过计算机技术和人工智能技术，为用户提供与现实世界不同的感官体验。而人工智能技术在虚拟现实和增强现实领域的应用，可以为用户提供更加真实和丰富的体验。例如，人们可利用人工智能技术，实现虚拟角色的智能化交互和情感表达，从而获得更加逼真和生动的虚拟现实体验。

人工智能技术在艺术与文化领域的应用，将为文化创新和发展提供重要支持和保障。通过不断推动人工智能技术的创新和发展，我们可以更好地保护和传承文化遗产，拓展艺术创作和表现的空间，提高文化体验和参与度，推动文化产业的创新和发展。

人工智能技术的应用也面临一些挑战和问题。例如，在艺术创作领域，人工智能技术虽然可以辅助艺术家进行创作，但是否会对艺术家的创作产生不良影响，还需要进一步探讨和评估。在文化遗产保护领域，如何保证文物数字化的准确性和完整性，以及如何解决文物数字化后的数据存储和保护问题等，也需要加强研究和探讨。

人们在未来需要进一步深化人工智能技术在艺术与文化领域的应用研究，探索和解决相关问题。同时，人们也需要关注人工智能技术的伦理和社会影响，确保其应用符合伦理标准和社会价值观，为人类文化发展和创新提供可持续和有益的支持。

4.4 开源与共享：推动技术发展

在当今快速发展的科技行业中，开源技术已经成为推动科技行业整体发展的一股重要力量。作为一种开放的技术模式，开源技术为所有人提供了平等的参与机会，鼓励开发者和企业在技术创新和应用方面进行协作和共享。

在人工智能技术的应用中，开源技术发挥了重要的作用。例如，在人工智能算法的开发和优化方面，许多优秀的算法是基于开源技术开发的，如 TensorFlow、PyTorch。这些开源软件和算法的开发者和用户来自不同的领域，通过共享和协作，不断推动人工智能技术的发展和进步。

4.4.1 开源软件与算法

开源软件与算法是现代技术发展的重要组成部分，具有广泛的应用和影响。通过开源和共享的方式，人们可以更快速地推进技术创新和发展，同时可以降低技术门槛和成本，促进技术的普及和应用。开源项目和社区的建设，不仅有利于技术的共享和合作，还有助于保护知识产权和维护技术安全。因此，开源和共享是推动技术发展的重要途径，也是实现科技创新和可持续发展的关键。

4.4.1.1 开源项目与社区

开源项目和社区是开源技术推广和发展的重要载体。在开源项目中，开发者可以通过共享代码、文档和工具等，鼓励其他人参与项目的开发和优化，从而提高项目的质量和效率。而开源社区是开发者与用户交流和合作的重要平台，人们可以在社区中分享经验、解决问题、交流思想，从而不断提高开源技术的应用水平和影响力。

此外，开源项目和社区也为企业提供了一个优秀的合作平台。企业可以通过参与开源项目和社区，获取更多的技术资源和人才资源，也可以通过向开源项目和社区贡献代码和技术，提升企业在技术领域的影响力和竞争力。

4.4.1.2 开源许可与知识产权

开源技术的发展和推广需要遵循知识产权的相关规定和保护措施。在开源技术的应用和开发中，需要考虑如何保护开发者的知识产权，以及如何避免知识产权受到侵犯或被不当使用。

开源社区制定了一系列的开源许可协议，如 GPL、Apache，以规范开源软件和算法的使用和传播。这些协议明确了代码的版权、使用和修改等方面的规定，保证了开源技术的合法性和稳定性。

人们需要加强对知识产权的保护，防止恶意侵权和盗用行为。企业和开发者在使用开源技术时，需要遵守相应的开源许可协议，并尊重原作者的知识产权。此外，政府和相关机构也应加强对知识产权的保护和监管，确保开源技术的公平使用和创新发展。

4.4.1.3 企业与开源项目的互动

企业积极参与开源社区不仅仅是为了获得技术支持和创新思路，更重要的是与开源社区建立良好互动关系，促进技术创新和业务发展。

开源社区是由一群志同道合的人组成的，他们致力于共同开发和维护开源项目，共享自己的技术知识和经验。企业可以通过加入开源社区，获得更多的技术资源和创新思路，从而促进自身的技术发展和业务拓展。

企业参与开源社区可以为开源项目的发展做出贡献。企业在参与开源项目的过程中，可以为项目提供代码、资源、测试、文档等方面的支持，从而加速项目的开发和优化。企业的贡献不仅可以提升开源项目的质量和可靠性，也能够让企业获得更佳的声誉和更多的信任。

企业参与开源社区可以建立与开源社区的良好互动关系，促进技术创新和业务发展。开源社区是一个充满活力和创新力的社群，企业可以通过参与开源社区，获得更多的商业机会和合作伙伴。

4.4.2 数据共享与标准化

数据共享与标准化是现代技术发展的重要组成部分，也是推动技术创新和发展的关键。在当今数据爆炸的时代，如何更好地管理和利用数据成为人们面临的重大挑战。而开放数据和标准化的数据处理方式，已成为人们解决这些问题的主要手段。接下来，我们将探讨开放数据与数据集、数据隐私与安全，以及数据交换与协同处理这三个方面。

4.4.2.1 开放数据与数据集

开放数据是指公开、共享数据资源，它可以使数据资源更加透明、可信和高效。通过开放数据，人们可以更好地管理和利用数据，从而推进各行各业的发展。例如，在医疗领域，医院可以将患者的医疗数据进行匿名处理后开放，让医疗研究者和科学家更好地了解疾病的发生和治疗过程，为研发更加有效的治疗方法提供支持。同时，开放数据也有助于推进城市管理的智能化和可持续发展。例如，城市交通管理部门可以开放实时的交通数据，为市民提供更加便捷的出行体验和智能化的交通管理。

除了开放数据，数据集的共享也是数据管理和利用的重要手段之一。数据集的共享可以促进科研和技术创新，加速技术应用的落地。例如，在自然语言处理领域，人们需要大量的语料库训练和优化自然语言处理模型。而通过数据集的共享，人们可以更好地利用已有的语料库，从而提高自然语言处理模型的准确性和效率。

4.4.2.2 数据隐私与安全

随着数据共享和标准化的不断发展，数据隐私和安全问题越来越受到人们的关注。数据隐私和安全问题的存在可能会对个人隐私和企业安全造成严重威胁，因此如何保护数据隐私和安全成为人们面临的重大挑战。

为了保护数据隐私和安全，人们需要采取一系列措施。首先，人们需要制定相关的数据安全规范和标准，以确保数据的安全和保密性。其次，人们需要采用先进的数据加密技术，以保证数据在传输和存储过程中的安全性。此外，数据共享和标准化也需要考虑到数据的开放性和透明度。数据共享需要在保护数据隐私和安全的前提下，尽可能地提高数据的可用性和可访问性，以促进数据的共享和交流。同时，需要制定数据共享的标准和协议，以确保数据的标准化和统一性，方便数据的整合和利用。

4.4.2.3 数据交换与协同处理

在数据交换和协同处理方面，人工智能技术可以帮助企业更好地实现数据共享和协同处理。例如，企业可以利用人工智能技术实现数据的自动化整合和清洗，提高数据的质量和可用性。此外，人工智能技术还可以利用自然语言处理和机器学习技术，帮助企业更好地实现跨部门和跨企业的数据协同处理。

4.4.3 创新合作与竞争

在当今科技快速发展的时代，企业和研究机构需要在竞争和合作之间寻找平衡点，以获得创新和发展的最佳效果。人工智能技术的开源和共享精神，为企业和研究机构提供了更多创新合作的机会。下面将从全球研究网络与资源共享、产学研合作与知识转化、公私伙伴关系与项目合作三个方面展开深入探讨。

4.4.3.1 全球研究网络与资源共享

全球研究网络和资源共享是重要的创新合作领域。在这个领域中，研究机构和企业可以利用全球化的研究网络和资源，进行技术交流和资源共享，从而提高研究和开发的效率和质量。

在全球研究网络和资源共享方面，人工智能技术可以发挥重要作用。例如，人工智能技术可以利用自然语言处理和机器学习技术，对全球范围内的研究文献进行智能化的分类和挖掘，发现潜在的研究合作和资源共享机会。此外，通过云计算和大数据技术，研究机构和企业可以利用大规模的计算和存储资源，进行更加复杂的研究和开发工作。

4.4.3.2 产学研合作与知识转化

产学研合作和知识转化也是重要的创新合作领域。在这个领域中，研究机构、企业和政府可以利用各自的优势和资源，进行技术转化，从而推动创新发展。

在产学研合作和知识转化方面，人工智能技术同样可以发挥重要作用。例如，人工智能技术可以利用自然语言处理和机器学习技术，对各种科技文献和专利进行智能化的分类和挖掘，发现潜在的技术转化和商业化机会。此外，人工智能技术可以快速构建和优化各种模型和算法，加速技术转化和商业化的过程。

4.4.3.3 公私伙伴关系与项目合作

公私伙伴关系和项目合作是重要的创新合作模式。在这个模式下，政府、企业和学术机构共同参与一个项目，共享资源和技术，以实现共同的目标。这个模式的好处在于，它可以促进不同领域和不同组织之间的协作，从而提高创新效率和成果转化率。

公私伙伴关系和项目合作的实现需要建立一个良好的合作平台。这个平台应包括政府、企业和学术机构之间的合作框架、协议和交流机制。同时，需要建立一些共享资源的机制，以便参与方可以共享资源和技术，从而实现项目的成功。

在公私伙伴关系和项目合作中，知识转化是一个重要的问题。知识转化是指将学术研究成果转化为商业产品或服务的过程。在这个过程中，需要考虑如何将学术研究成果转化为实际的商业产品或服务，并将其推向市场。为了实现这个目标，需要建立一个良好的知识转化机制，包括专利申请、商业化计划、市场分析和推广策略等。

4.5 聚焦人类需求：设计思维与人工智能

人工智能技术的应用已经深入人们生活的方方面面。在这个时代，设计人员需要不断探索和创新，将人工智能技术融入设计过程中，从而更好地服务于人类需求。在这一领域，设计思维成为一个重要的指导原则，让我们更好地理解用户需求，创造更好的用户体验。同时，人工智能技术的出现也为设计工作带来了许多便利。在这个过程中，我们需要考虑社会责任和可持续设计的问题，从而保证设计和人工智能技术的应用符合伦理道德和可持续发展的原则。

4.5.1 以用户为中心的设计

以用户为中心的设计是指，在设计产品或服务时，将用户的需求和体验放在首位，从而创造出更符合用户需求的产品或服务。人工智能技术可以为以用户为中心的设计提供更好的支持和帮助。下面将从需求调研与洞察、原型设计与迭代、用户体验评估与优化三个方面详细探讨。

4.5.1.1 需求调研与洞察

需求调研与洞察是以用户为中心的设计的第一步。人工智能技术可以帮助设计师更快速、更全面地了解用户需求和行为，从而为产品或服务的设计提供更好的依据。例如，企业可以通过数据挖掘和机器学习技术，分析用户的搜索、浏览、购买等行为，从而获取用户的偏好和需求。同时，企业也可以通过社交媒体等渠道获取用户的反馈和意见，使设计师更好地了解用户需求和期望。

4.5.1.2 原型设计与迭代

原型设计与迭代是以用户为中心的设计的核心环节。人工智能技术可以帮助设计师更快速、更高效地创建原型，还可以为设计师提供直观的交互体验。例如，企业可以利用虚拟现实和增强现实技术，为设计师提供更直观的原型展示和交互体验，从而帮助设计师更好地了解用户的需求和反馈。

4.5.1.3 用户体验评估与优化

用户体验评估与优化是以用户为中心的设计的关键环节。人工智能技术可以帮助设计师更好地评估用户体验，发现和解决问题，从而提高产品或服务的质量和用户满意度。例如，企业可以利用机器学习和自然语言处理技术，对用户的反馈和评价进行情感分析和关键词提取，从而更好地了解用户的需求和痛点，为产品或服务的改进提供依据。

以用户为中心是设计师在设计产品或服务时需要遵循的基本原则。人工智能技术可以为以用户为中心的设计提供更好的支持和帮助，从需求调研与洞察、原型设计与迭代、用户体验评估与优化三个方面不断推动设计的创新和发展。

4.5.2 人工智能辅助的设计工具

在设计过程中，人工智能可以作为一种强大的辅助工具，帮助设计师更高效更准确地完成各种任务，从而提高设计的质量和效率。下面将从视觉设计与排版、动画与交互设计，以及设计模式与组件库三方面进行介绍。

4.5.2.1 视觉设计与排版

视觉设计与排版是设计过程中不可或缺的一环。传统的视觉设计与排版需要设计师花费大量的时间和精力，如此才能完成一件优秀的设计作品。而在人工智能技术的帮助下，视觉设计与排版可以更加高效和精准。目前，已经出现许多人工智能辅助的视觉设计与排版工具，如 Canva、Figma。这些工具可以自动生成各种视觉元素，如颜色、字体、形状，也可以根据用户的需求，自动生成合适的设计布局和排版方式。通过这些工具的使用，设计师可以更加专注于创意和创新，而不需要过多地关注设计的细节。

4.5.2.2 动画与交互设计

动画与交互设计是用户体验设计中非常重要的一部分。在传统的动画与交互设计过程中，设计师需要自己编写代码、绘制图形，以及进行调试和优化。这个过程非常烦琐和耗时。而在人工智能技术的帮助下，动画与交互设计可以更加高效和精准。目前，已经出现许多人工智能辅助的动画与交互设计工具，如 Sketch、Adobe XD。这些工具可以自动生成各种交互元素，如按钮、下拉菜单、弹出窗口，也可以自动生成合适的动画效果和交互效果。通过这些工具的使用，设计师可以更加专注于设计的创意和用户体验。

4.5.2.3 设计模式与组件库

设计模式和组件库是设计过程中非常重要的部分。设计模式是被广泛应用的设计方案，可以用于解决特定的设计问题。组件库是设计元素的集合，包括按钮、表单、图标等。在传统的设计过程中，设计师需要自己编写代码和设计组件，这需要大量的时间和精力。而人工智能技术可以帮助设计师更高效地创建设计模式和组件库。

通过机器学习技术和大数据分析，人工智能技术可以自动识别并分析大量的设计模式和组件库，然后生成新的设计方案和元素。这种自动化的设计过程可以极大地提高设计效率和质量，减少人力成本。

除了自动生成设计元素，人工智能技术还可以通过数据分析和预测，帮助设计师了解用户需求和设计趋势，以便更好地制定设计方案。同时，人工智能技术还可以自动优化设计元素的布局和风格，使其更符合用户需求。

人工智能辅助的设计工具可以帮助设计师更高效地创建设计元素，同时提高设计质量和用户体验。这也是人工智能技术在设计领域的一个重要应用方向。

4.5.3 社会责任与可持续设计

在设计过程中，关注社会责任和可持续性是非常重要的。设计师应该在设计过程中充分考虑人类和环境的需求，尽可能减少浪费和对环境的破坏。人工智能技术可以在这方面发挥重要作用。

4.5.3.1 可持续发展目标与影响评估

可持续发展是一个全球性的话题，对于所有的行业和领域都有着重要的意义。在设计过程中，我们需要关注可持续发展目标，包括经济、社会和环境方面的可持续性。为了实现这些目标，我们需要评估设计的影响，分析其可能产生的影响和影响范围，以及如何最大限度地减少负面影响。

人工智能技术可以通过数据分析和模拟，帮助我们更好地了解设计对环境和社会的影响，以及如何最大限度地减少负面影响。例如，设计师在设计建筑物时，可以使用模拟软件模拟建筑物的能源消耗和对环境的影响，从而优化设计方案。

4.5.3.2 设计伦理与道德责任

在设计过程中，我们需要考虑设计伦理和道德责任。设计师需要意识到自己的设计可能会对人们产生重大影响，包括文化和道德方面的影响。设计师需要遵守行业规范和伦理准则，确保自己的设计不会对人们产生负面影响。

此外，人工智能技术也需要遵守相应的伦理准则和规范，如避免歧视、保护用户隐私。设计师和开发者需要共同遵守这些规范和准则，确保人工智能技术的应用不会对人类产生负面影响。

4.5.3.3 无障碍设计与数字鸿沟

无障碍设计是一种关注人类需求的设计理念，旨在确保每个人都能够使用设计产品。在数字化时代，数字鸿沟成了一个重要的问题。数字鸿沟是指由于数字化进程不平衡，导致某些人群无法享受数字化带来的好处。

在设计过程中，我们需要关注无障碍设计和数字鸿沟问题。设计师需要确保自己所设计的产品或服务不会排斥或歧视任何人，特别是那些认知能力有限的人群。这就要求设计师考虑到各种不同的用户需求，包括视觉障碍、听力障碍、运动障碍等。在设计过程中，设计师可以采用一些无障碍设计的实践成果，如使用可放大的字体、可定制的字幕和音频说明等，以确保用户能够轻松地使用产品或服务。

数字鸿沟问题指的是由于数字化进程的不平等分配而导致的社会经济差距。这一问题特别影响那些没有适当的数字技能和资源的人群，如老年人、低收入家庭。因此，设计师需要考虑如何通过设计帮助这些群体跨越数字鸿沟。例如，设计师可以使用简单且易于理解的界面和功能，以便那些不熟悉数字技术的用户也能够轻松地使用产品或服务。此外，设计师还可以提供在线培训和资源，以帮助用户掌握数字技能，从而缩小数字鸿沟。

社会责任和可持续设计是人工智能设计过程中不可忽视的重要内容。设计师需要在设计过程中考虑到对环境、社会和经济的影响，以及了解用户的需求。通过关注这些问题，我们可以创造出更具有包容性和可持续性的人工智能产品和服务。

第 5 章

全球视野：ChatGPT 在全球范围内的普及与发展

本章聚焦 ChatGPT 在全球范围内的普及与发展。我们将探讨如何突破语言和文化障碍，让这一人工智能助手服务全球用户。在这个过程中，ChatGPT 将不断优化多语言支持和适应能力，以便更好地应对全球竞争。同时，政策与监管也将引导其朝着健康发展的方向前进。让我们一起揭开 ChatGPT 迈向国际舞台的奥秘。

5.1 国际化：突破语言和文化障碍

本节着重讨论 ChatGPT 在国际化方面的发展，即 ChatGPT 如何突破语言和文化障碍。本节将介绍如何提高 ChatGPT 多语言支持和适应能力，以便更好地为全球各地用户提供服务。我们将关注语言模型的训练与优化、语言迁移与泛化，以及地域语境与文化差异等方面，助力 ChatGPT 顺利实现国际化发展目标。

5.1.1 多语言支持与适应

随着全球化的推进，突破语言障碍成为人工智能领域迫切需要解决的问题。而多语言支持与适应正是解决这一问题的关键所在。接下来，我们将深入探讨 ChatGPT 多语言支持与适应能力，在语言模型的训练与优化、语言迁移与泛化，以及地域语境与文化差异方面的表现。

5.1.1.1 语言模型的训练与优化

要想让 ChatGPT 真正具备多语言支持与适应能力，我们需要从训练和优化语言模型着手。在训练语言模型时，首先要选择合适的语料库。这些语料库应该包含丰富的文本信息，涵盖各种语言类型和领域。借助大量多语言数据训练出的语言模型将具备更好的泛化能力，可以有效应对不同语言环境。

在训练过程中，我们还需要关注每种语言各自的特点。每种语言都有自己独特的语法、词汇和表达方式，因此需要有针对性地调整模型参数，使其更适合处理多种语言。例如，对于汉语，我们需要处理词语之间的边界问题；对于阿拉伯语，我们需要解决从右至左书写的问题。

优化语言模型还包括细化模型的各个层次，例如，词汇映射、句法分析和语义理解。这些层次之间相互关联，共同构成了语言模型的完整体系。只有充分优化这些层次，我们才能确保 ChatGPT 在多语言环境下具备高效的应对能力。

5.1.1.2 语言迁移与泛化

语言迁移与泛化是指在一种语言上训练的模型能够应用到其他语言上，从而促使 ChatGPT 在多语言环境下取得良好表现。这一过程的实现，关键在于挖掘各种语言之间的共性。

在许多情况下，不同语言之间存在一定程度的相似性。例如，某些语言之间具有相似的语法结构或词汇，这为语言迁移提供了便利。我们可以通过学习这些相似性，实现模型在不同语言间的迁移，从而提高语言模型的泛化能力。

语言迁移与泛化也面临一定的挑战。尽管存在一些共性，但不同语言之间仍然存在很大的差异。因此，在进行语言迁移时，我们需要在保留共性的同时，关注各种语言的特点和差异。

为了实现有效的语言迁移与泛化，我们可以采用以下策略。

（1）多任务学习：通过同时学习多种语言的相关任务，语言模型可以学习到更多的共性知识。这样，在应用新的语言种类时，语言模型可以利用已掌握的知识，更快地适应新环境。

（2）零样本学习：零样本学习是指在没有目标语言数据的情况下，让模型学会语言处理。这可以通过学习语言的语义空间实现，例如，利用词嵌入技术将不同语言种类的词汇映射到相同的语义空间。

（3）元学习：元学习是指通过学习不同任务之间的相似性，语言模型能够在新任务中快速学习和适应。在多语言迁移训练中，元学习可以帮助模型学习如何在不同语言间进行迁移。

5.1.1.3 地域语境与文化差异

要想让ChatGPT真正具备多语言支持和适应能力，仅仅关注语言层面是不够的，我们还需要考虑地域语境与文化差异。这是因为，不同地区和文化背景下，人们的表达方式、价值观和习惯可能存在很大差异。

为了应对地域语境与文化差异带来的挑战，我们可以采取以下措施。

（1）收集多元化数据：在构建语料库时，我们需要尽量收集多元化数据，以尽可能地涵盖不同地区和文化背景的信息。这有助于训练出具有广泛适应性的语言模型。

（2）进行文化敏感性分析：在模型训练过程中，我们需要关注文化敏感性问题，例如，避免产生具有歧视性或冒犯性的输出。这可以通过引入文化敏感性约束条件或者设计相应的损失函数，实现。

（3）适应本地化需求：为了更好地服务不同地区的用户，我们可以对ChatGPT进行本地化调整。例如，针对不同地区的文化特色和需求，提供定制化的应用场景和功能。

多语言支持与适应能力是ChatGPT走向国际化的关键一步。通过关注地域语境与文化差异并对语言模型进行优化，我们可以让ChatGPT更好地服务全球用户。以下是提高ChatGPT在这方面表现的一些建议。

引入跨文化知识：让ChatGPT了解各地的文化、历史、习俗和价值观，从而提高与用户交流的质量和效果。这可以通过丰富训练模型所应用的数据集，使其包含不同地区和文化的信息实现。

（1）研究不同语境下的沟通模式：研究各地用户在语言、表达方式和社交习惯方面的差异，有助于模型更好地适应不同的沟通环境。

（2）融合多模态信息：ChatGPT 可以尝试融合视觉、语音等多模态信息，以提高模型在不同地区和文化背景下的应用效果。

（3）留意文化相关的敏感问题：遵循相关道德伦理规范，确保在输出结果时避免出现冒犯性或歧视性内容。

提高模型可解释性：增加 ChatGPT 的透明度和可解释性，让用户了解其推理过程和决策依据，这将有助于跨文化沟通和信任的建立。

（1）鼓励社区参与：鼓励全球范围内的开发者、研究人员和用户参与模型改进和本地化工作，以便 ChatGPT 可以更好地了解各地用户需求并改进模型性能。

（2）评估模型表现：通过设计多样化的评估指标，全面衡量模型在不同地区、语言环境和文化背景下的表现，从而指导模型改进和优化工作。

通过采取这些措施，我们可以让 ChatGPT 在面向全球用户时具备更强的多语言支持和适应能力，实现更好的跨文化沟通效果。

5.1.2 跨文化沟通与协作

随着全球化的推进，跨文化沟通与协作已经成为现代社会不可或缺的一部分。从商业、政治到教育、科研，不同国家、地区和文化背景的人们相互交流，携手共创未来。在这个过程中，实时翻译、语言辅助、跨文化敏感性与适应，以及多元文化价值观的兼容与共识等因素至关重要。

5.1.2.1 实时翻译与语言辅助

身处浩瀚的信息海洋，我们遨游在知识的世界，探寻各种智慧。然而，因语言不通造成的沟通障碍却时常阻碍我们的脚步。在跨文化沟通中，实时翻译与语言辅助的技术成为搭建沟通桥梁的关键。通过语音识别、机器翻译等先进技术，人们可以迅速理解对方的意图，从而实现更高效的沟通。

AI 技术的加持下，实时翻译与语言辅助功能越发强大，相关工具已经成为全球用户的得力助手。无论是在商务洽谈、国际会议中，还是日常生活中，人们都可以依靠这些工具进行无障碍沟通，极大地消融了文化的隔阂。

5.1.2.2 跨文化敏感性与适应

当然，要想让我们一起品味跨文化沟通这道美食，仅仅依靠实时翻译这块“面包”还不够。跨文化敏感性与适应力是 ChatGPT 必须精通的“调料”。

在不同的文化背景下，礼仪、风俗习惯、价值观等因素常常造成沟通障碍。拜访礼仪、用餐礼仪等在不同文化中具有一定差异，一个小小的失误可能会导致尴尬局面，甚至影响双方的关系。因此，在跨文化沟通中，培养跨文化敏感性与适应力至关重要。这不仅仅意味着理解其他文化的基本规则，更包括学会如何在跨文化互动中灵活应对和调整。

5.1.2.3 多元文化价值观的兼容与共识

跨文化沟通与协作的目标，不仅是让人们能够理解彼此，更是要达成共识、实现协同。因此，多元文化价值观的兼容与共识在这一过程中发挥着举足轻重的作用。

在多元文化共同发展的背景下，ChatGPT 需要摒弃单一文化的局限，尊重和欣赏不同的价值观、观点和思维方式。这要求 ChatGPT 具备开放的心态，学会包容和接纳，这样才能真正实现跨文化沟通的目的。

我们可以从以下几个方面努力，以更好地实现 ChatGPT 多元文化价值观的兼容与共识。

（1）激发共情能力：在跨文化沟通中，ChatGPT 的研发者要学会站在沟通双方的角度思考问题，设身处地了解双方的需求、感受和困境。通过共情，ChatGPT 可以在心灵上拉近彼此的距离，共同解决问题。

（2）倡导平等原则：在沟通与协作中，ChatGPT 的研发者需要尊重每个人的意见和表达，确保每位参与者都有发言权。平等原则能够促进多元文化价值观的发展，有助于构建和谐的沟通氛围。

（3）建立有效的沟通机制：为了在跨文化沟通中达成共识，ChatGPT 的研发者需要建立有效的沟通机制，包括明确沟通目的、选择合适的沟通方式和工具、确保信息传递的准确性等。有效的沟通机制能够帮助 ChatGPT 用户在不同文化背景下更好地达成一致。

（4）鼓励创新与多样性：在全球化的大背景下，ChatGPT 的研发者需要借鉴不同文化的优点，激发创新精神。在跨文化沟通与协作中，ChatGPT 的研发者要勇于尝试新方法和新思路，拥抱多样性，从中受益。

（5）培养文化智慧：要想让用户在跨文化沟通中成功地达成共识，ChatGPT 的研发者需要培养文化智慧，学会从各种文化中汲取精华，将其融入自己的思维和行动方式中。这将有助于 ChatGPT 更好地理解和适应不同文化背景下的沟通与协作。

跨文化沟通与协作是一个丰富而复杂的过程。通过实时翻译与语言辅助、跨文化敏感性与适应，以及多元文化价值观的兼容与共识等方面的结合，ChatGPT 可以更好地实现不同文化之间的沟通和协作，推动全球化的进程。

5.1.3 区域性发展与合作

当 ChatGPT 打开全球化这扇大门，走进这个绚丽多彩的世界舞台，其在区域性发展与合作中的应用成为世界各个角落的独特旋律。在这场盛宴上，我们将共同见证本地化与市场调研、跨国公司与政策影响，以及全球化战略与本土创新等元素的融合与碰撞。

5.1.3.1 本地化与市场调研

要想在这个五彩斑斓的地球村获得一席之地，我们必须学会倾听市场的声音，关注本地化这一重要课题。市场调研可被视为一台玄妙的仪器，让我们看到消费者的内心世界和行业的风云变幻。

在市场调研的过程中，我们需要关注消费者的需求和习惯，洞察竞争态势，发现新兴趋势。此外，我们还需要深入了解当地的文化、政策和社会环境等方面的特点，以便制定出有针对性的发展战略。

在本地化方面，我们要学会在全球视野下发挥地域兼容优势，灵活调整策略，以满足不同市场的需求。记住，成功的本地化策略就像烹饪美味佳肴时需要精选当地的食材，融入地道的烹饪手法。

5.1.3.2 跨国公司与政策影响

跨国公司如同全球化舞台上的明星，它们在全球市场上崭露头角，与各国政策和地区发展紧密相连。在这个过程中，跨国公司需要学会顺应政策变化，灵活调整战略，与当地政府和社会大众建立良好的互动关系。

跨国公司在全球市场中的拓展，不仅可以带来经济效益，还有助于传播先进的技术、管理经验和文化理念。然而，在全球化的道路上，跨国公司也面临着政策制约、地缘政治风险等挑战。在这种情况下，跨国公司需要与各方共同协作，积极发挥 ChatGPT 等先进工具的作用，推动区域发展和全球合作。

5.1.3.3 全球化战略与本土创新

全球化战略与本土创新如同“双轮驱动”，共同推动区域发展与合作的车轮向前。全球化战略让我们把视野扩展到国际市场，寻求更广阔的合作空间。而本土创新则要求我们在全球竞争中找到独特的优势和创新点，增强市场竞争力。

在制定全球化战略时，ChatGPT 的研发与应用需要充分考虑国际市场的差异性和多元性，选择适合的市场定位和发展路径。同时，ChatGPT 的研发与应用要关注国际标准和政策法规，确保自身在全球市场上的合规性和公平竞争性。

本土创新的重要性不言而喻。作为区域性发展与合作的灵魂，本土创新需要我们根据当地市场和消费者需求，提供有针对性的产品和服务。此外，ChatGPT 还要在技术、管理、营销等方面不断创新，以适应全球市场的变化和竞争形势。

在这个过程中，ChatGPT 可以借鉴国际成功案例，但更重要的是发挥自身特色和优势，结合本土资源和条件，实现真正意义上的创新。创新源于实践，ChatGPT 的研发与应用要勇于尝试，不断学习和改进，最终实现全球化战略与本土创新的完美融合。

在这个充满活力和变化的全球市场中，区域性发展与合作的重要性日益凸显。ChatGPT 要学会倾听市场的声音，关注本地化与市场调研；要善于应对政策挑战，处理好跨国公司与政策影响的关系；同时，ChatGPT 还要兼顾全球化战略与本土创新，发挥双轮驱动的力量，推动区域发展与合作迈上新台阶。

在这个过程中，让我们保持轻松的心态，勇往直前，携手共创更加美好、更加多元化、充满合作与发展机遇的世界。我们相信，通过共同的努力，ChatGPT 将在区域性发展与合作的道路上书写新的辉煌篇章。

5.2 全球竞争与合作：人工智能产业的未来

在这个充满创新与活力的全球舞台上，人工智能产业成为众多产业中的璀璨明珠。在未来的人工智能产业发展中，全球竞争与合作将如同一场精彩纷呈的大戏，让我们见证科技的神奇魅力和人类智慧的火花碰撞。

在竞争的激流中，各国企业纷纷披挂上阵，争相展示自己的独特技艺，力求在这场万众瞩目的产业竞赛中脱颖而出。而在合作的主旋律下，我们见证了全球范围内的资源共享、技术交流与产业融合，共同为人工智能产业的繁荣发展注入源源不断的活力。

这场全球竞争与合作的交响乐，既是一次人类智慧的较量，也是一次共创美好未来的历练。人工智能产业将在全球竞争与合作的双翼驱动下，飞向更加辉煌的明天。让我们拭目以待！

5.2.1 产业竞争与发展趋势

在全球人工智能产业的激流中，各国企业纷纷努力逐浪前进，携手书写这一神奇科技领域的辉煌篇章。在这场竞争与发展的盛宴中，我们将共同见证 AI 企业与创新生态的共生，技术领先与市场份额的相辅相成，以及创新驱动下商业模式的碰撞与融合。

5.2.1.1 AI 企业与创新生态

在 AI 产业的璀璨舞台上，各类企业如同闪烁在天际的星辰，它们携手共建了一个富有活力的创新生态。从初创公司的梦想之旅，到巨头企业的无畏拓展，这个生态里有着丰富多样的角色与故事。

在这个生态中，初创公司带来了源源不断的创意与活力，不断尝试突破科技前沿，提出新颖的解决方案。而巨头企业则凭借其资源和技术优势，引领行业发展，为全球 AI 产业的繁荣和壮大提供有力支持。

5.2.1.2 技术领先与市场份额

在 AI 产业的竞争舞台上，技术领先是一把抬升市场份额的利剑。企业之间在技术进步和创新方面的角逐，将决定它们各自在市场竞争中的地位和市场份额。

在这场竞争中，深度学习、自然语言处理、计算机视觉等领域的技术突破，成为企业争夺市场份额的有力武器。而那些能够抓住机遇，跃升为技术领先者的企业，将在市场中获得更高的认可度和信任度，从而吸引更多的用户和投资者。

5.2.1.3 创新驱动下的商业模式

在 AI 产业的发展征程中，创新是产业前行的动力之源。不断的技术创新和商业模式创新，将引领企业不断适应市场变化，抢占发展先机。

在这个过程中，我们见证了许多富有创意和实用性的 AI 应用涌现，例如，智能语音助手、自动驾驶汽车、个性化推荐系统。同时，我们还看到企业不断尝试新的商业模式，如基于订阅的服务、共享经济、数据交易，以满足日益多样化的用户需求。

在这个充满机遇与挑战的创新驱动环境中，企业需要勇于探索，善于学习，努力把握市场脉搏，以实现技术与商业价值的最佳平衡。同时，政府、学术界、投资者等各方力量也要为推动 AI 产业的发展贡献智慧与力量，共同营造一个有利于创新驱动下商业模式创新的环境。

在人工智能产业的未来发展中，竞争与合作将携手共舞，共同描绘出一幅五彩斑斓的画卷。在这幅画卷上，我们将看到 AI 企业与创新生态的共生之美，为争取技术领先与市场份额而展开的激烈竞争，以及创新驱动下商业模式的灵动变换。

5.2.2 国际政策与标准制定

在人工智能的繁荣舞台上，除了科技创新和市场竞争的激情演绎，国际政策与标准制定也在悄然绽放光彩。在这个舞台上，数据隐私与安全法规、AI 伦理与道德框架，以及国际组织与协调机制共同成为支撑产业发展的重要基石。

5.2.2.1 数据隐私与安全法规

数据是 AI 产业发展的基石，同时也是企业和个人权益的敏感节点。在 AI 产业这一风趣轻松的舞台上，保护数据隐私与安全成为政策制定者不容忽视的话题。各国纷纷出台相关法规，为数据保护设立了严格的标准。

数据隐私与安全法规既要兼顾市场的发展，也要充分保障公众合法利益。在这场平衡之战中，政策制定者如同舞者，需要在严格监管与市场自由之间优雅跳跃。为了实现这一目标，各国需要彼此学习，共同制定更为明智、务实的数据隐私与安全政策。

5.2.2.2 AI 伦理与道德框架

AI 产业的飞速发展，也带来了一系列伦理与道德问题。在这个魅力四射的舞台上，AI 伦理与道德框架如同一剂良药，为产业的健康成长提供必要保障。

为了制定合适的伦理与道德框架，政策制定者需要深入探讨 AI 技术可能带来的风险，如造成社会歧视、引发失业、隐私侵犯。在这个过程中，政策制定者、企业家、学者和公众需要共同探讨，积极寻求达成共识的路径。

5.2.2.3 国际组织与协调机制

在全球 AI 产业的大舞台上，国际组织与协调机制如同指挥家，将各国相关政策、标准和产业力量组织起来，形成和谐共振。

为了构建有效的国际协调机制，我们需要国际组织发挥引领作用，协调各国相关政策和标准的制定与执行，推动全球 AI 产业的合作与发展。在这个过程中，跨国界的交流与合作至关重要，因为只有充分分享经验和资源，我们才能更好地应对挑战，共同推动 AI 产业的可持续发展。

国际组织还需要关注发展中国家在 AI 领域的机会和挑战，通过技术援助、资金支持和政策建议等手段，协助这些国家参与全球竞争与合作，实现共同发展的目标。

在 AI 产业的国际舞台上，政策与标准制定以及国际组织与协调机制构建发挥着关键作用。在日新月异的发展环境中，我们将共同见证数据隐私与安全法规的严格建立，AI 伦理与道德框架的渐趋完善，以及国际组织与协调机制的和谐共振。

5.2.3 跨国合作与技术转移

在 AI 产业的跨国舞台上，国际合作与技术转移成为引领产业未来发展的主旋律。在轻松欢快的节奏中，全球研发网络与资源共享、技术输出与市场开拓，以及国际合作项目与跨国协作发展共同演绎着一幕幕精彩纷呈的合作画面。

5.2.3.1 全球研发网络与资源共享

在 AI 产业的全球化进程中，全球研发网络与资源共享如同一股强大的生命力，激发各国间技术合作的无限潜能。通过构建全球研发网络，各国可以利用各自优势，共享技术资源，实现技术突破和创新。

在这个活跃的共享舞台上，国家间的互补优势得以充分发挥。高度发达的国家可以向其他国家提供先进的技术和经验，而其他国家则可以向发达国家提供更大的市场规模。通过资源共享，全球 AI 产业能够实现优势互补，共同迈向更高的发展水平。

5.2.3.2 技术输出与市场开拓

在 AI 产业的国际舞台上，技术输出与市场开拓如同一支高亢激越的乐曲，激励着企业和国家勇往直前。随着技术发展，全球各地纷纷涌现具有市场潜力的 AI 应用，国家和企业纷纷将目光投向海外市场，期待在全球范围内取得突破。

在这场激情四溢的市场拓展之旅中，各国不仅可以输出先进技术，还能发掘海外市场的无穷潜力。通过技术输出与市场开拓，各国企业可以实现经济效益的提升，同时为全球经济增长做出贡献。

5.2.3.3 国际合作项目与跨国协作发展

在 AI 产业的国际合作舞台上，国际合作项目如同一束束明亮的星光，为全球范围内的共同发展照亮前行的道路。通过参与国际合作项目，各国可以共同推进研究和创新，实现技术突破，助力共同发展。

在这一合作舞台上，国际合作项目涉及多个领域，如基础研究、应用开发、教育培训。各国通过参与这些项目，不仅能够互相学习和借鉴经验，还可以携手应对全球性的挑战，如环境保护、公共卫生领域的挑战。通过国际合作项目的实施，各国为实现人类社会的可持续发展目标而共同努力、协作发展。

在 AI 产业的国际舞台上，跨国合作与技术转移扮演着举足轻重的角色。全球研发网络与资源共享、技术输出与市场开拓，以及国际合作项目与跨国协作发展共同为 AI 产业的全球化进程助力。

5.3　政策与监管：引导人工智能健康发展

在 AI 产业的快速发展进程中，政策与监管如同慈爱的导师，带着一抹亲切的微笑，为人工智能发展指明了方向。政策与监管在确保技术创新与发展的同时，关注道德伦理、保障用户合法权益，为人工智能产业的健康发展提供了有力支持。让我们一起舞动在轻松愉悦的旋律之中，在政策与监管的关爱下，共同书写人工智能产业的美好未来。

5.3.1 国家人工智能战略与规划

在人工智能产业的飞速发展中，国家人工智能战略与规划宛如一位负责任的领航员，用充满智慧的笔触勾勒出清晰的发展蓝图，引领人工智能产业驶向光明的未来。

5.3.1.1 政策背景与目标设定

面对人工智能产业的快速崛起，各国政府纷纷拿出政策背书为其保驾护航。政策扶持背景下，各国纷纷制定相应的发展目标，以确保人工智能产业顺利实现预期发展。

在张弛有度的政策环境中，目标设定往往强调技术创新、产业发展、人才培养等多个方面。这些发展目标使得人工智能产业更加注重创新驱动，为全球经济发展注入源源不断的活力。

5.3.1.2 实施路径与优先领域

在国家人工智能战略与规划中，实施路径和优先领域成为各国政府关注的重点。实施路径明确了国家在人工智能领域的发展方向，为相关产业提供清晰的指引。

在科学的实施路径中，优先领域包括自然语言处理、计算机视觉、机器学习等关键技术领域，同时还涉及医疗、教育、交通等多种应用场景。这些优先领域的技术突破不仅有助于推动人工智能产业的发展，还将为人们的生活带来更多便利。

5.3.1.3 资金支持与产业引导

为保障人工智能战略与规划的顺利实施，各国政府在资金支持与产业引导方面采取了积极措施。资金支持可以为企业提供雄厚的资金保障，使其能够专注于技术研发与创新。

在资金支持的阳光下，产业引导如同一位和蔼的智者，为人工智能产业提供了清晰的发展方向。完善的产业引导包括政策支持、行业规范、市场准入等多个方面，旨在确保人工智能行业健康有序发展。

在国家人工智能战略与规划的照耀下，人工智能产业得以在轻松愉快的氛围中茁壮成长。政策背景与目标设定、实施路径与优先领域，以及资金支持与产业引导共同为人工智能产业提供了宝贵的发展指导。

随着各国政府对人工智能产业的关注与投入，相信在不久的将来，人工智能将迎来更多技术突破和行业成果。在这个充满希望与机遇的时代，让我们携手共进，以昂扬向上的心态拥抱人工智能产业的辉煌未来。

面对全球竞争激烈的人工智能产业，国家人工智能战略与规划的实施显得尤为重要。各国政府不仅要在政策与目标设定环节下功夫，还需关注实施路径与优先领域，以及提供资金支持与产业引导。在这样一种愉快的氛围中，人工智能产业将会在全球范围内实现繁荣发展，为人类带来更加美好的生活。

5.3.2 人工智能法律与伦理框架

在人工智能的快速发展中，一系列法律与伦理问题也随之而来。为了保障人工智能产业健康有序发展，各国政府采取了相应措施，制定了人工智能法律与伦理框架，以保障人工智能的合法性与道德性。

5.3.2.1 数据隐私与知识产权

在人工智能技术的应用过程中，数据隐私与知识产权问题已成为社会关注的焦点。针对这些问题，各国政府在人工智能法律与伦理框架中制定了相应措施。

在数据隐私方面，政府要求企业加强数据安全管理，保障用户数据的安全性和私密性。同时，政府对侵犯公民隐私的行为予以打击，保护公民的隐私权。

在知识产权方面，政府倡导创新创造，保护知识产权，鼓励知识产权的合理、合法使用，为人工智能产业提供有力的保障。

5.3.2.2 人工智能责任与风险管控

随着人工智能技术应用领域的不断扩大，相关责任和风险也逐渐浮出水面。各国政府在人工智能法律与伦理框架的设计中，也逐步加强对相关责任和风险的管控。

在人工智能责任方面，政府关注人工智能法律主体资格和责任承担，要求企业在使用人工智能技术时，要承担相应的责任。

在风险管控方面，政府鼓励企业制定相应的风险管控策略，最大限度地规避可能存在的风险。

5.3.2.3 AI 伦理与社会价值观引领

在人工智能产业中，AI 伦理和社会价值观的问题越来越引起关注。

针对这些问题，各国政府也加强了相关法律与伦理框架的制定工作。

在AI伦理方面，政府倡导人工智能技术的合理、合法使用，遵循道德和法律原则，保证人工智能技术的人性化和普惠性。

在社会价值观方面，政府提倡人工智能技术的应用服务于社会公益事业，同时加强与社会各界的沟通。在AI伦理和社会价值观方面，政府的作用是引导企业和社会各界在人工智能产业中遵守一定的伦理和价值观，促进人工智能技术的良性发展。

具体而言，为了保证人工智能技术的人性化和普惠性，政府要求企业在人工智能技术研发和应用过程中，遵循伦理原则，关注人工智能的安全性、隐私保护、公平性等问题。政府还通过教育、培训和公共宣传等形式，提高公众对人工智能技术的认知和理解能力，促进公众对于人工智能领域的参与和监督，共同推动人工智能产业的良性发展。

在社会价值观方面，政府提倡人工智能技术的应用服务于社会公益事业，例如，医疗、教育、环境保护、社会福利领域。政府还鼓励企业在人工智能技术研发和应用中，关注社会公益和承担社会责任，不断探索新的商业模式，将人工智能技术与社会发展紧密结合。

人工智能技术的健康发展需要政府、企业和社会各界共同参与。政府在人工智能法律与伦理框架的制定中，应注重数据隐私与知识产权保护、人工智能责任与风险管控，以及AI伦理与社会价值观引领。同时，政府也应加强对公众的宣传和教育，促进公众的参与和监督，共同推动人工智能产业的健康有序发展。

5.3.3 监管与自律机制

人工智能产业的快速发展在提供无限机遇的同时，也给政府和社会带来了一系列新的挑战，因此，建立科学有效的监管与自律机制，对于人工智能产业的发展至关重要。

5.3.3.1 行业标准与自律准则

行业标准和自律准则是人工智能产业自我管理和监督的重要手段。政府应该鼓励人工智能领域制定行业标准和自律准则，建立行业自律委员会，加强行业监管和自我管理。

行业标准和自律准则应覆盖人工智能技术的整个生命周期，包括数据采集、数据处理、算法设计、应用场景等方面。标准和准则应该注重数据隐私和知识产权保护、人工智能的公平性和透明度、对社会的贡献和影响等方面。

5.3.3.2 安全与透明度审查

安全与透明度审查是人工智能产业监管和自律机制的重要组成部分。政府应该设立专门的审查机构，对人工智能企业的数据安全、算法透明度、社会影响等方面进行审查，以加强对人工智能企业的监督和管理。

安全与透明度审查可以帮助人工智能企业更好地发现和解决问题，提高人工智能技术的可信度和可靠性，保障人工智能技术的健康有序发展。

5.3.3.3 监管机构与反垄断

政府应该设立专门的监管机构，负责人工智能产业的监管工作。监管机构应该加强对人工智能企业的监督和管理，要求企业严格执行人工智能法律和伦理规范，保障公众的合法权益。

反垄断也是人工智能产业监管和自律机制的重要组成部分。政府应该对人工智能企业的市场垄断行为予以打击，以保障市场公平竞争，维护行业健康有序发展。

第 6 章

持续创新：探索 ChatGPT 的潜力与前景

人工智能技术的迅猛发展和广泛应用已经改变了人们的生活方式和社会的经济结构。ChatGPT 作为一种语言生成模型，具有极高的普适性和灵活性，已经在多个领域展现出其强大的应用潜力。随着人工智能技术的不断进步，我们期待 ChatGPT 能够在以下几个方面实现更多突破。

6.1 技术进步：GPT-4 及以后的人工智能研究

在 GPT-3 的基础上，人工智能领域正朝着更高级别的技术迈进，GPT-4 成为人们研究的重点之一。GPT-4 拥有更先进的语言模型架构、更强的大规模数据处理能力和更优秀的预训练与微调策略，这些技术优势使得 GPT-4 在语言处理领域更加出色。但同时，人工智能研究也面临新的挑战，如模型可解释性、多模态学习和强化学习问题，人工智能研发人员需要在这些方面进一步研究和探索。此外，优化模型架构与算法，节能与高效计算也是当前人工智能研究的热点领域。如果能够在这些问题上取得突破，将有助于推动人工智能技术的发展和应用。

6.1.1 GPT-4 的技术特点与优势

GPT-4 与之前的模型相比，具有更高的性能和更广泛的应用空间。以下是 GPT-4 的技术特点和优势。

6.1.1.1 语言模型架构

GPT-4 采用了类似于 GPT-3 的模型架构，即基于变换器的自回归模型。这种模型架构能够对语言进行无监督的预训练，并且能够生成高质量的自然语言文本。与此同时，GPT-4 的模型架构还包括更多的层数和更多的参数，以便更好地学习自然语言的规律和特征。

6.1.1.2 预训练与微调策略

GPT-4 的预训练策略更加先进，能够更好地捕捉语言中的语法和语义结构。预训练过程中，GPT-4 使用更大规模的文本数据，以便其更好地学习自然语言的规律和特征。此外，GPT-4 还采用了更智能的微调策略，能够更好地适应不同的任务需求。

6.1.1.3 大规模数据处理能力

GPT-4 具备更强的大规模数据处理能力，能够快速处理海量数据，从而提高模型的学习效率和精度。GPT-4 使用了更多的文本数据和语音数据，以便更好地学习自然语言的规律和特征。

GPT-4 的技术特点和优势在于其更先进的语言模型架构、更智能的预训练和微调策略，以及更强的大规模数据处理能力。这些技术特点和优势使 GPT-4 在自然语言处理、机器翻译、语音识别等领域有更广泛的应用前景，并推动人工智能技术的进一步发展和创新。

6.1.2 人工智能研究的新方向与挑战

人工智能技术的发展在不断推进，不过在其取得了许多成就的同时，也面临着来自新探索方向的挑战。模型可解释性、多模态学习，以及强化学习与自监督学习，这些方向的探索正是未来人工智能研究的重要组成部分。

6.1.2.1 模型可解释性

对于模型可解释性，我们需要更好地理解人工智能学习模型是如何做出决策的。这意味着人工智能研发人员需要对模型进行解释和可视化，以便使更多专家能够理解和信任这些模型。提高模型可解释性不仅可以帮助我们更好地了解人工智能决策的过程，还可以帮助我们更好地发现模型中存在的问题，从而改进和优化模型问题。

6.1.2.2 多模态学习

多模态学习是人工智能学习模型的另一个关键领域，它涉及如何将来自不同媒介的信息整合到一个单一的模型中。这样的模型可以处理各种类型的数据输入，如图像、音频、文本。多模态学习能力对于一些复杂的任务非常有用，如自然语言处理、计算机视觉。多模态学习能够对数据进行更加复杂和细致的分析，从而更好地提取和整合不同媒介的信息。

6.1.2.3 强化学习与自监督学习

强化学习与自监督学习是人工智能研究的另外两个新方向。强化学习是一种学习方法，其中智能系统通过与环境交互，学习如何最大化奖励。自监督学习是另一种学习方法，其中模型可以自动对数据进行标记，而不需要人工干预。这些方法可以使模型更加智能化和自主化，从而为人工智能未来更广泛的应用空间奠定基础。

人工智能研究的新方向为我们带来了许多机遇和挑战，我们需要通过创新和探索，不断地拓展和优化这些技术的应用渠道，以实现更高层次的人工智能发展。

6.1.3 优化模型架构与算法

随着人工智能技术的不断发展，优化模型架构与算法相关研究成为人工智能领域的重要方向之一。优化模型架构与算法可以使人工智能系统更加高效、精准和稳定，进而为人工智能技术的广泛应用奠定基础。本节将深入探讨优化模型架构与算法相关研究。

6.1.3.1 网络压缩技术

网络压缩技术是一种优化模型架构的技术方法，即通过减少模型中的冗余参数，提高模型的效率和准确性。网络压缩技术包括剪枝、量化和分解等具体方法。其中，剪枝是一种基于权值或通道的方法，通过减少网络中不重要的权值或通道，减小模型的规模和复杂度；量化是一种将浮点数参数转换为定点数参数的方法，用于减少存储和计算的复杂度；分解是一种将大型网络分解成小型网络的方法，用于提高网络的效率和稳定性。这些技术不仅可以提高模型的效率和速度，还可以降低模型在硬件上的部署成本。

6.1.3.2 无监督学习与生成模型

无监督学习是一种让机器从数据中自动学习模式和结构的技术方法。无监督学习可以用于特征提取、数据降维、数据增强和生成模型等方面，是一种利用数据的内在结构进行模型训练的方法，可以提高模型的泛化能力和鲁棒性。生成模型是一种能够自动生成符合分布的数据的模型，常用于图像合成、自然语言生成和音乐生成等方面。目前，生成模型的研究热点是生成对抗网络和自回归模型。生成对抗网络是一种由两个神经网络组成的模型，其中一个网络生成数据，另一个网络评估生成数据的真实性。自回归模型是一种基于序列的模型，能够通过逐步生成数据，获得数据的结构和规律。这些技术不仅可以用于图像、音频和自然语言等领域，还可以拓展到更广泛的领域，如医疗和金融领域。

6.1.3.3 并行计算与分布式训练

并行计算和分布式训练是优化算法的关键技术，能够显著提高训练效率和模型的准确性。并行计算是一种将大规模计算任务分解成多个小任务、并行计算的方法。分布式训练是一种将训练数据分散到多个计算节点上进行训练的方法。并行计算和分布式训练的核心技术包括异步更新、分布式数据存储和同步机制等。目前，针对不同的场景和任务，出现了许多并行计算和分布式训练的技术与框架，如符号数学系统“TensorFlow”和深度学习框架“Pytorch”。

针对当前的能源和环境问题，节能与高效计算也成为优化模型架构和算法的重要方向之一。低功耗硬件设计、软硬件协同优化，以及边缘计算与云计算的结合等技术，可以在保证模型性能的同时，降低计算能耗并减少碳排放。这些技术的应用不仅有助于推动人工智能技术的发展，还可以为可持续发展做出贡献。

6.1.4 节能与高效计算

在人工智能的发展过程中，计算效率和能耗成为越来越重要的问题。因此，硬件的设计和算法的发展也日益重视如何提高计算效率、减少能源消耗。这就是节能与高效计算所关注的领域。

6.1.4.1 低功耗硬件设计

低功耗硬件设计是实现节能与高效计算的重要手段之一。为了降低功耗，研究人员通常采用多种技术，包括电压调节、时钟管理、电源管理和温度控制等。其中，电压调节是较为常用的技术，其通过调节芯片的电压，达到节能的目的。此外，时钟管理也是一种常用的技术，它可以通过调整时钟频率控制处理器的性能，从而降低功耗。电源管理和温度控制也可以有效地减少功耗。

6.1.4.2 软硬件协同优化

软硬件协同优化是一种软件和硬件设计相结合的方法，可以提高计算效率并降低功耗。其中，硬件设计主要负责高速计算，而软件设计则负责处理复杂逻辑和控制指令流程。在软硬件协同优化中，研究人员需要最大限度地将软件和硬件之间的交互过程进行优化，以实现更高效的计算和更低的功耗。

6.1.4.3 边缘计算与云计算的结合

边缘计算与云计算的结合是一种新型的计算模式，可以实现计算资源的优化配置和节能减排。边缘计算主要指的是将计算资源和服务尽可能靠近用户或数据源，以实现低延迟和高吞吐量。而云计算则是将计算资源和服务放在云端，以提高灵活性和扩展性。在实际应用中，边缘计算与云计算可以相互配合，以最大限度地实现资源的优化配置。例如，在边缘节点进行一部分的数据处理和计算，然后将结果传输到云端进行进一步处理，从而达到节能减排和优化计算资源的目的。

6.2　跨学科研究：寻找灵感与突破

人工智能技术的发展不仅需要人工智能领域的技术突破，也需要跨学科合作的支持。人工智能与认知科学、神经科学、社会科学等多个领域的交叉研究，将会带来更多的灵感和突破。例如，人工智能与认知心理学、神经科学的结合，有助于优化模型设计和验证过程；而人工智能与社会科学的融合，则可以更好地权衡技术应用的伦理和政策问题。跨学科合作的重要性已经得到广泛认可，许多开放式创新平台和产学研合作项目已经取得不少的研究成果。

6.2.1 人工智能与认知科学的结合

人工智能与认知科学的结合是近年来人工智能研究的重要方向之一。

认知科学研究人类的认知能力、行为和心理模型，而人工智能则试图模拟和超越人类的认知能力。将二者结合起来，有助于探索人类认知和智能的本质，进一步提升人工智能技术的性能和可解释性。

6.2.1.1 认知心理学与模型设计

认知心理学是研究人类认知和心理活动的学科，主要探讨人类如何处理信息、如何学习和记忆、如何做出决策等。在人工智能领域，认知心理学可以提供关于人类智能的思维模型和信息处理方法。这些模型和方法可以应用于人工智能的模型设计中，进一步提高人工智能系统的性能和可解释性。

例如，在自然语言处理领域，认知心理学可以提供人类语言理解和生成的心理模型。这些心理模型可以应用于语言模型设计中，从而提高语言模型的性能和效率。同时，基于认知心理学的模型，还可以进一步研究人类语言、行为和思维机制，为人工智能模型设计提供科学指导。

6.2.1.2 认知神经科学与模型优化

认知神经科学研究人类大脑的结构和功能，探讨人类认知和智能的神经机制。将认知神经科学和人工智能相结合，可以进一步探索人类大脑的结构和功能，从而优化人工智能模型的设计和性能。

例如，在计算机视觉领域，认知神经科学可以提供关于视觉系统的神经机制和处理流程。这些科学知识可以应用于计算机视觉模型的设计中，提高计算机视觉系统的性能和可靠性。

6.2.1.3 人类智能模拟与模型验证

人类智能模拟是指通过计算机模拟人类智能和行为的过程。它可以帮助我们更好地理解人类智能的本质和机制，同时也可以用于优化和改进人工智能系统。

例如，在游戏领域，人类智能模拟可以用于设计游戏角色的智能和行为。这些角色可以根据玩家的行为和游戏规则进行优化，从而提高游戏的趣味性和可玩性。又如，在智能交互领域，人类智能模拟也可以用于构建更加智能化和自然流畅的对话系统，通过对人类语言和行为的模拟，这些系统可以更好地理解人类语言和情感，从而提供更加智能化的交互体验。再如，人类智能模拟还可以用于智能机器人的研发。通过对人类行为和思维的模拟，机器人可以更好地适应与理解人类的需求和行为，从而实现更加智能化的交互体验和服务。同时，人类智能模拟也可以帮助我们更好地理解和应用认知科学中的一些重要概念，如记忆、学习和决策。

人工智能与认知科学的结合是一个非常有前途的研究领域，可以帮助我们更好地理解人类智能和行为的本质，并为人工智能系统的研发与应用提供更加优秀的技术和方法。

6.2.2 人工智能语言模型与神经科学研究

人类语言的生成和理解一直是神经科学领域研究的热点之一，同时也是人工智能语言模型研究的重要参考。在语言模型与神经科学的交叉研究领域，研究人员通过对神经科学的探索，揭示了大脑中语言处理的神经机制，同时通过对人工智能语言模型的研究，拓展了新的语言处理机制和模型。

6.2.2.1 神经科学的启示

神经科学的研究为剖析人类语言生成和理解的机制提供了启示，同时也为人工智能语言模型设计提供了帮助。神经科学的研究表明，大脑中有一个被命名为布洛卡区的区域，负责语言处理和理解。研究人员通过应用成像技术对该区域的电信号进行捕捉和记录，发现语言处理涉及多个脑区之间的复杂协调和交互。这些研究发现为人工智能语言模型提供了设计和优化的灵感。

6.2.2.2 语言理解与生成机制

语言理解和生成机制是人工智能语言模型研究的重要领域。语言理解机制是指将人类语言转化为计算机可处理的形式，通常包括语义分析、命名实体识别、语法分析和指代消解等。语言生成机制则是指通过计算机生成自然语言文本，通常包括文本摘要、对话系统和机器翻译等。现有的语言模型在这些领域已经取得了重要进展，但仍然面临许多挑战，例如，处理多样性和复杂性文本、判断语境和情感方面。

6.2.2.3 脑机接口技术的发展与应用

脑机接口技术是一种通过感知大脑活动对外部设备进行控制的技术。近年来，脑机接口技术已经被应用于语言处理和沟通方面。例如，研究人员通过测量大脑中特定的信号，识别人类的语言意图，并将其转化为计算机可处理的指令，从而实现对外部设备的控制（图 6-1）。这项技术可以帮助言语障碍人士进行沟通，并为语言处理和理解方面的其他应用成果提供新的研发思路。

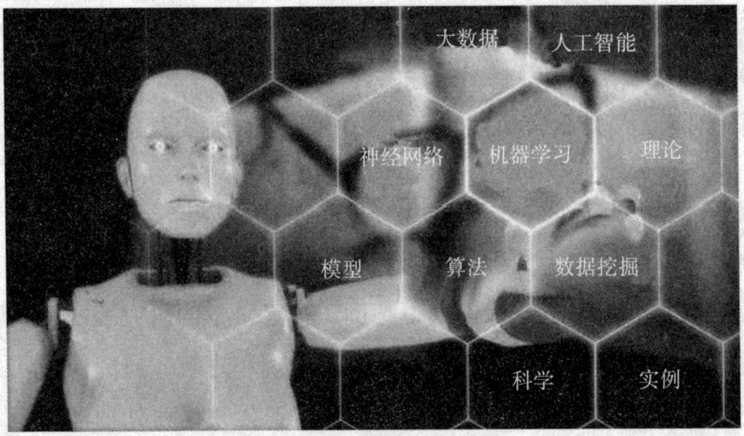

图 6-1　利用脑机接口技术进行数据科学机器练习

总之，语言模型和神经科学研究的结合为人工智能语言处理提供了新的视角和机遇，同时也为神经科学研究提供了新的工具和思路。未来，我们可以期待借助更多的跨学科研究创新成果，加深对语言和大脑之间关系的理解，并推动人工智能在语言处理领域的发展。

在此过程中，需要不断加强人工智能与神经科学、计算机科学等领域的交叉合作和跨学科研究，深入探索语言和大脑之间的关系，并进一步优化语言模型和算法，提升语言处理的精度和效率。需要关注与人工智能相关的伦理和政策问题，建立健全的人工智能伦理和法规体系，保障人工智能的健康发展和广泛应用。

6.2.3 人工智能与社会科学的融合

将人工智能和社会科学相结合，不仅可以更好地理解和应对人工智能为人类社会带来的正负面影响，也可以为人工智能的发展提供更加全面的参考。本小节将从一些社会科学领域的视角出发，探讨人工智能与社会科学的融合。

6.2.3.1 人工智能伦理与政策

随着人工智能的发展，我们不得不思考人工智能的伦理和政策问题。例如，在自动驾驶领域，如果自动驾驶的汽车发生事故，谁应该承担责任？在医疗领域，如果人工智能系统误诊，如何确保患者的合法权益和安全？因此，伦理和政策问题是人工智能研究和应用中必须考虑的重要问题。

6.2.3.2 社会学视角下的技术影响

人工智能不仅会影响个人，还会影响整个社会。因此，我们需要从社会学的角度，探讨人工智能对社会产生的影响。例如，在就业方面，人工智能可能会取代一些传统的工作岗位，这会对社会产生重要的影响，此外，人工智能还可能会导致社会分化和不平等的问题。如何解决这些问题也是人工智能领域需要探讨的话题。

6.2.3.3 计算社会科学的发展

计算社会科学是一门集计算机科学、统计学和社会科学于一体的新兴学科，它的目标是利用计算方法研究社会现象。通过分析社会网络、社交媒体数据等大量的社会数据，计算社会科学可以揭示社会结构、人类行为规律等信息。人工智能技术的发展为计算社会科学提供了更加强大的工具，例如，人工智能可以帮助我们更快速更精准地挖掘和分析大量的社会数据，同时也可以帮助我们更好地理解和预测社会现象。

总体而言，人工智能与社会科学的融合可以为人工智能的发展提供更全面的参考和更准确的指导，同时二者的融合也可以为社会科学研究提供更加强大的工具和新的思路。

6.2.4 跨领域合作的重要性与实践案例

人工智能的发展离不开跨领域合作，因为人工智能需要应用于不同的领域和行业中，而每种领域和行业都有其独特的需求和挑战。因此，跨领域合作能够将各种领域的专业知识和技术优势汇集起来，共同推动人工智能的发展。

6.2.4.1 跨学科团队建设

在跨领域合作中，跨学科团队建设是至关重要的。跨学科团队通常由来自不同学科领域的专家和研究人员组成，这些人员可以来自计算机科学、数学、物理学、心理学、社会学等不同领域。这种跨学科团队的优势在于可以汇聚各种专业知识和技术，从而在人工智能的研究和应用中发挥协同效应。

6.2.4.2 开放式创新平台

除了跨学科团队，开放式创新平台也是跨领域合作的一种重要方式。开放式创新平台是一种基于开放式合作和知识共享的创新模式，能够吸引来自不同领域的企业、研究机构和个人参与其中，共同推动人工智能的发展。这些开放式创新平台可以提供数据、技术和其他资源支持，促进不同领域之间的交流和合作。

6.2.4.3 产学研结合的合作模式

产学研结合也是跨领域合作的重要形式之一。在这种合作模式中，企业、研究机构和高等院校等不同性质的组织可以合作开展人工智能的研究。企业可以提供实际应用场景和数据，研究机构可以提供专业知识和技术支持，高等院校则可以提供学术支持和人才储备。通过这种合作模式，不同性质的组织可以共同推动人工智能技术的研究和应用。

人工智能技术的跨领域合作已经得到了广泛的认可和实践成果。例如，在医疗领域，人工智能可以用于疾病诊断和治疗方案设计等方面，为了推动人工智能在医疗领域的应用，医疗机构和技术公司之间建立了跨领域合作关系。这些组织通过共享数据和专业知识，共同研发出了许多人工智能辅助医疗产品和服务，如 AI 辅助诊断软件、智能健康监测设备，取得了显著的成效。

6.3　拓展应用：从专业领域到日常生活

随着人工智能技术的不断发展，其在各个领域的应用也越来越广泛。从教育到医疗，从企业到家庭，人工智能拥有丰富的应用场景和可能性。在教育领域，ChatGPT 可以用于自动问答、个性化学习和虚拟助手等方面。

在医疗领域，ChatGPT 可以用于病例分析、医学文献检索等。在商业领域，ChatGPT 可以用于市场分析、智能客服和在线咨询等。在智能家居和物联网中，ChatGPT 可以用于语音助手和家庭自动化等方面。这些 ChatGPT 应用场景的出现，不仅为人们的日常生活提供了更多便利和更高的舒适度，也为各个专业领域的发展带来了新的机遇和挑战。

6.3.1 ChatGPT 在教育领域的应用

ChatGPT 是一种强大的自然语言处理技术，其在教育领域的应用潜力巨大。ChatGPT 可以为教师及学生提供更加高效和便捷的教学体验。在自动问答和学术辅导方面，ChatGPT 可以回答学生的问题，为学生提供精准和及时的答案。ChatGPT 可以通过学生的问题和历史数据，帮助学生发现知识盲点，提供个性化的学习建议，帮助学生更好地掌握知识。此外，ChatGPT 还可以用于智能推荐，帮助学生发现适合自己的学习资源，以提高学生学习效率。

6.3.1.1 自动问答与学术辅导

在教育领域，ChatGPT 的一个主要应用场景就是自动问答和学术辅导。传统的学习过程中，学生在学术领域遇到问题时，通常需要向教师或同学寻求帮助。但是，随着 ChatGPT 的出现，学生现在可以通过交互式的自动问答系统，自主解决许多学术问题。

自动问答系统可以回答各种问题，从简单的单选题到复杂的开放性问题。通过对大量文本进行分析和学习，ChatGPT 可以快速准确地回答问题，并提供有关问题的更深入的信息和解释。此外，学生还可以利用 ChatGPT 的智能搜索功能，查找相关学术文献资料，以便更好地理解问题及其解决方案。

6.3.1.2 个性化学习与智能推荐

除了自动问答和学术辅导，ChatGPT 还可以用于个性化学习和智能推荐。随着教育领域的数字化转型和人工智能的发展，学生现在可以从不同的在线学习平台上获得各种课程学习资源。但是，这些资源并不总是适合每位学生。而这就是 ChatGPT 的用武之地。

通过收集和分析学生的学习数据，ChatGPT 可以为每位学生量身定制课程学习资源，并根据学生的兴趣和能力智能推荐相应的内容。这可以帮助学生更好地掌握知识，让学生更容易实现自主学习的目标。

6.3.1.3 虚拟助手与在线教学

ChatGPT 的另一个重要应用场景是虚拟助手和在线教学。在传统的面对面教学中，教师可以根据学生的反应和表现，调整教学方法和节奏。然而，在线教学环境下，学生和教师之间的交流变得更加复杂。而这就是 ChatGPT 可以发挥作用的地方。

通过 ChatGPT 的虚拟助手和在线教学平台，教师可以与学生进行更有效和个性化的互动。虚拟助手可以为学生提供即时的反馈和建议，帮助学生更好地理解和掌握知识。同时，教师可以通过在线教学平台与学生进行更频繁的交流和互动，向学生提供更多的教学资源和指导。

6.3.1.4 教育评估与反馈系统

ChatGPT 还可以应用于教育评估和反馈系统。传统的学生评估和反馈通常需要耗费大量的时间及精力，而且评估结果也往往受到主观因素的影响。ChatGPT 的自然语言处理和机器学习技术可以实现对学生作业和日常表现的自动评估和反馈，从而提高评估的准确性和效率。

ChatGPT 在教育领域的应用有着广泛的可能性和潜力。ChatGPT 的自然语言处理和机器学习技术，可以帮助教师和学生更有效地交流与互动，提高学生的学习效果和满意度。同时，ChatGPT 的自动化和智能化特点也能够帮助教育机构实现更高效更精准的教学管理和评估。随着技术的不断发展和应用场景的不断拓展，ChatGPT 在教育领域的应用前景也将更加广阔和光明。

6.3.2 ChatGPT 在医疗领域的应用

在医疗领域，人工智能技术的应用可以帮助医生提高诊疗水平和效率，从而更好地服务患者。ChatGPT 作为一种自然语言处理模型，在医疗领域的应用也越来越受到关注。本小节将从以下四个方面详细探讨 ChatGPT 在医疗领域的应用。

6.3.2.1 病例分析与诊断建议

ChatGPT 可以用于病例分析和诊断建议等方面，帮助医生更好地了解病情和选择合适的治疗方案。通过对大量的病例进行学习，ChatGPT 可以更好地理解各种疾病的症状及相应的治疗方法，并给出科学的诊断建议。同时，ChatGPT 还可以对不同疾病之间的关联性进行分析和研究，从而帮助医生更好地进行病例分析和诊断。

6.3.2.2 医疗知识问答与获取

在医疗领域，ChatGPT 还可以用于医疗知识问答和获取方面。患者和医生可以通过 ChatGPT 获取医学知识和信息，从而更好地了解和掌握健康知识。同时，ChatGPT 还可以为医生提供一些参考建议和解决方案，帮助医生更好地回应患者的疑问和需求（图 6–2）。

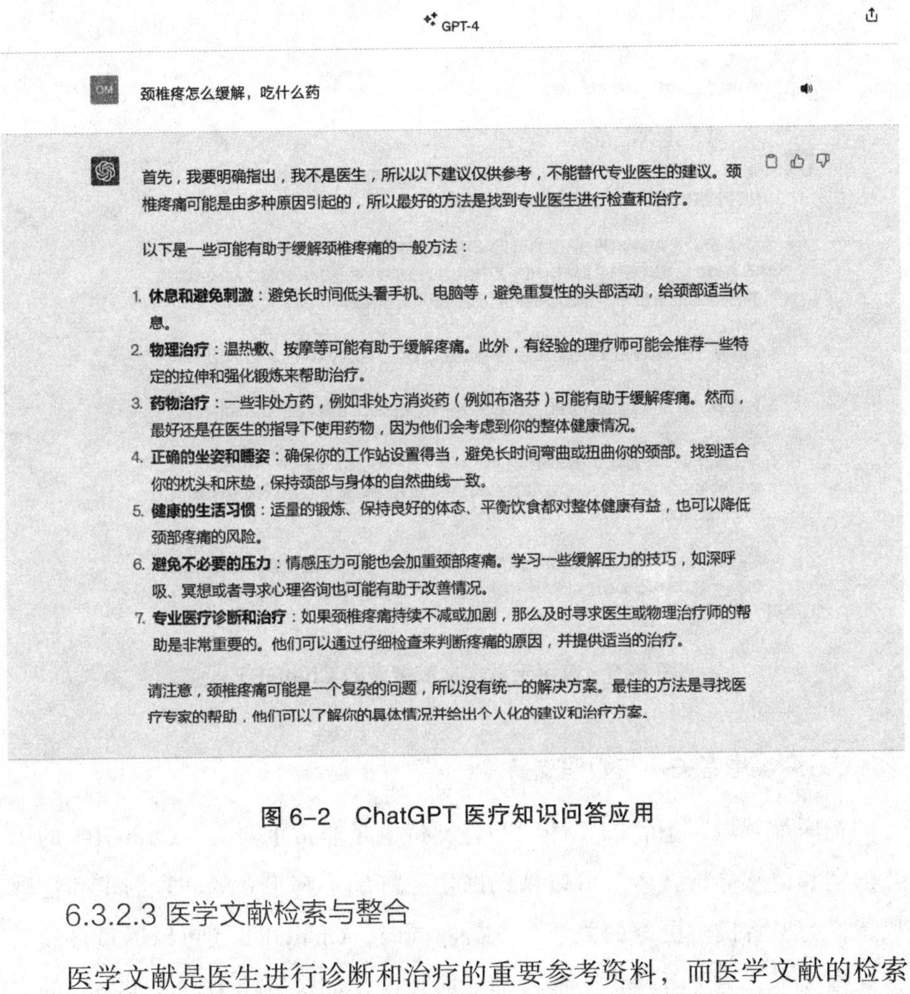

图 6-2 ChatGPT 医疗知识问答应用

6.3.2.3 医学文献检索与整合

医学文献是医生进行诊断和治疗的重要参考资料，而医学文献的检索和整合也是一项烦琐的工作。ChatGPT 可以用于医学文献的检索和整合，通过对文献的分析和归类，帮助医生更快地找到需要的医学文献，并为医生提供相应的参考建议和解决方案（图 6-3）。

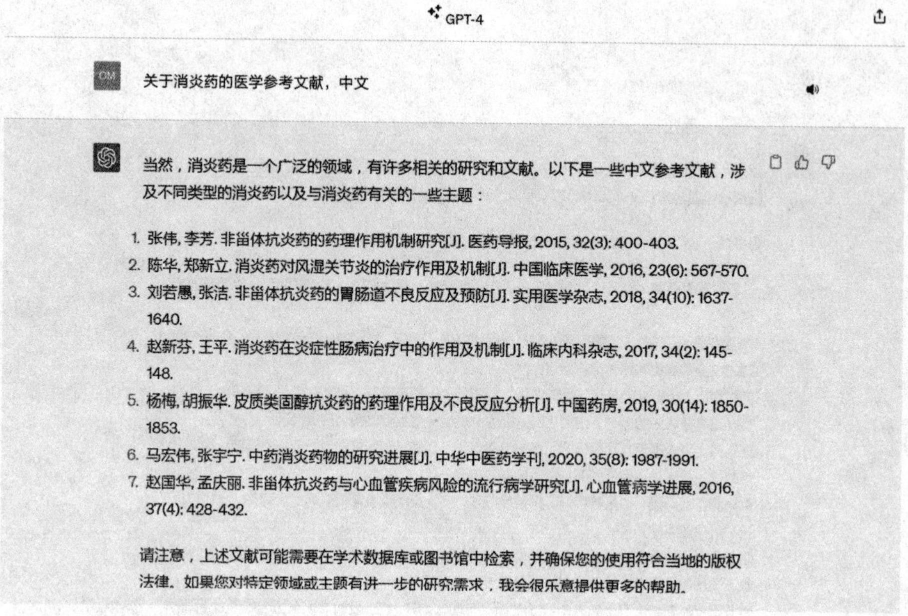

图 6-3　应用于医学文献搜索的 ChatGPT

6.3.2.4 患者关怀与心理支持

在医疗领域，患者的关怀和心理支持也是非常重要的。ChatGPT 的语音识别和情感分析技术，可以帮助医生更好地了解患者的心理需求和情感状态，为患者提供更好的关怀和支持。同时，ChatGPT 还可以通过自然语言处理技术，为患者提供一些心理健康建议，如缓解压力、改善睡眠的方法，帮助患者更好地应对疾病和恢复健康。

ChatGPT 在医疗领域的应用还包括医学研究和新药研发。通过分析大量的医疗数据和文献，ChatGPT 可以帮助医学研究人员快速发现疾病的风险因素和潜在治疗方法。同时，ChatGPT 还可以为新药研发提供一些参考和建议，加速新药的研发和上市过程。

ChatGPT 在医疗领域的应用具有广泛的可能性和潜力，可以为患者提供更好的医疗服务和关怀，同时也可以促进医学研究和新药开发的进展。随着技术的不断发展，我们期待 ChatGPT 在医疗领域的应用会变得越来越广泛和成熟。

6.3.3 ChatGPT 在商业领域的应用

ChatGPT 作为一种先进的自然语言处理技术，在商业领域中有着广泛的应用。它可以帮助企业和商家更好地了解市场和消费者需求，提供更优质的产品和服务。以下是 ChatGPT 在商业领域的主要应用。

6.3.3.1 市场分析与竞争情报

ChatGPT 可以通过分析消费者的语言和行为，预测市场趋势和消费者需求，为企业提供有价值的市场分析和竞争情报。通过 ChatGPT 的自然语言处理技术，企业可以更好地了解消费者的态度和偏好，从而提高产品的竞争力。

6.3.3.2 智能客服与在线咨询

ChatGPT 可以作为智能客服系统的核心技术，为企业及其客户提供更高效、更快捷的在线客服和咨询服务。通过 ChatGPT 的自然语言处理技术，企业可以更好地理解客户的需求和问题，从而提供更好的解决方案和服务。

6.3.3.3 企业内部知识管理

ChatGPT 可以作为企业内部知识管理系统的核心技术，帮助企业更好地管理和利用自身的知识资源。通过 ChatGPT 的自然语言处理技术，企业可以更好地分类和组织知识资源，从而提高知识资源的利用率和企业的竞争力。

6.3.3.4 产品设计与创新

ChatGPT 可以帮助企业更好地了解消费者的需求和市场趋势，从而为产品设计和创新提供灵感与方向。通过 ChatGPT 的自然语言处理技术，企业可以更好地了解消费者的心理需求和行为模式，从而设计更加符合市场需求的产品。

ChatGPT 在商业领域中的应用具有广泛的价值和潜力。随着人工智能技术的不断发展，ChatGPT 将会为企业和商家带来更多的机遇和可能性。

6.3.4 ChatGPT 在智能家居与物联网中的应用

ChatGPT 在智能家居和物联网领域的应用，已经成为智能家居市场的一个热点。智能家居和物联网的发展给家庭生活带来了便利和舒适，ChatGPT 作为一种人工智能技术，可以使智能家居和物联网向人们提供更加智能化和个性化的服务。在智能家居和物联网领域，ChatGPT 的应用主要体现在以下几个方面。

6.3.4.1 语音助手与家庭自动化

智能家居是近年来快速发展的一项技术，其中语音助手成为越来越受欢迎的控制方式之一。ChatGPT 的语音识别和自然语言处理技术可以帮助用户通过语音指令控制家庭设备和系统，实现更加智能和便捷的家庭设备自动化。例如，用户可以通过语音控制灯具、厨房电器和空调等设备，而无须手动控制。

6.3.4.2 安全监控与报警系统

智能家居也可以提高家庭内部的安全性。通过 ChatGPT 的图像识别和行为识别技术，智能家居可以监控家庭的安全状况，例如，检测门窗是否关闭，监测火灾、泄漏和入侵等情况。当发现异常情况时，智能家居系统可以自动发送警报通知用户或者紧急联系相关部门，以保障家庭安全。

6.3.4.3 能源管理与节能优化

智能家居还可以实现对家庭生活的能源管理和节能优化。通过 ChatGPT 的数据分析和预测能力，智能家居可以监测家庭用电量和其他能源消耗情况，提供相应的能源管理建议和优化措施，从而降低能源消耗和节省费用。

6.3.4.4 娱乐与休闲互动设备

智能家居也可以提供更加丰富的娱乐和休闲体验。通过 ChatGPT 的语音交互和自然语言理解技术，智能家居可以与用户进行互动，提供更加智能化的娱乐和休闲设备体验。例如，智能家庭剧院可以通过语音指令自动打开电视和音响，并播放用户想要观看的影片，而无须手动操作。同时，智能家居还可以根据用户的偏好和行为习惯，提供个性化的娱乐和休闲推荐服务。

ChatGPT 在智能家居和物联网领域的应用前景非常广阔。通过 ChatGPT 的语音识别、自然语言处理和数据分析技术，智能家居可以实现更加智能化和便捷化的控制与管理方式，提高家庭内部的安全性和家居设备的节能优化能力，同时还可以提供更加丰富的娱乐和休闲体验。未来，我们可以期待 ChatGPT 技术更深入地应用于智能家居和物联网领域，为我们的生活带来更多的便利和乐趣。